ZHENGNENGLIANG XIAOYING

让你每一天都积极向上的励志读本

正能量效应

李帆 编著

中国言实出版社

图书在版编目（CIP）数据

正能量效应 / 李帆编著.—
北京：中国言实出版社，2013.8
ISBN 978-7-5171-0161-1

Ⅰ. ①正… Ⅱ. ①李… Ⅲ. ①成功心理－通俗读物
Ⅳ. ①B848.4-49

中国版本图书馆CIP数据核字（2013）第172759号

责任编辑： 郭江妮

出版发行 中国言实出版社
地　址：北京市朝阳区北苑路180号加利大厦5号楼105室
邮　编：100101
电　话：64966714（发行部）　51147960（邮　购）
64924853（总编室）　64963107（三编部）
网　址：www.zgyscbs.cn
E-mail：zgyscbs@263.net

经　销 新华书店
印　刷 北京紫瑞利印刷有限公司
版　次 2013年8月第1版　2013年8月第1次印刷
规　格 710毫米×1000毫米　1/16　14印张
字　数 210千字
定　价 30.00元　ISBN 978-7-5171-0161-1

序　言

正能量，简而言之，指的是健康、乐观的生活态度和积极向上的生活方式。

在现实社会中，我们每个人身上都存在正能量，关键在于你有没有去发现它。现实生活中来自方方面面的压力让我们忽略了我们自身潜在的积极的东西。我们每天都埋头于繁忙的工作中，无暇顾及路边的风景、别人的笑容、家人的关怀，从而我们开始变得沮丧、失落、伤心和忧郁。人生因此而变得迷茫、无所适从。

随着“正能量”的兴起，关于如何生活和工作又成为人们提及的话题。于是，我们开始审视自己该如何发掘自己拥有的正能量，并用这些正能量来指导我们的为人处世、工作和生活，让自己能够工作顺心，活得快乐。

本书就是结合当下的流行趋势，教人们发掘自己身上的一些闪光的东西和正面的优点，从而来改变自己，重塑自己，让自己能够对人生、对生活、对工作有一个全新的认识，让自己能够拥有一颗平和的心来处世，拥有一颗感恩的心来面对生活，拥有一颗热忱的心来工作，从而照亮自己的前程，让自己真正地能够活出自我，从容面对来自工作和生活中的方方面面的挑战。

翻开本书，带你走入一个正能量的天堂，你心中的小宇宙也许会因此而点燃。一切或许都会因此而改变！

目录

CONTENTS

拥有了正能量，你就拥有了希望。保持积极向上的心态，希望之花才不会凋零。希望是什么？是引爆生命潜能的导火线，是激发生命激情的催化剂。希望是一种情感，是一种意识，是我们任何人都不可放弃的生命伴侣。每天给自己一个希望，就是给自己一个目标，给自己一点信心；每天给自己一个希望，我们将活得生机勃勃、激情澎湃；每天给自己一个希望，我们就一定能够拥有一个丰富多彩的人生；每天给自己一个希望，并用勤奋去浇灌这希望之花，我们一定会收获梦想之果。

美国好莱坞流行一句话：“一个人能否成功，不在于你知道什么，而是在于你认识谁。”这句话不是叫人不要培养专业知识，而是强调“好人缘是一个人通往财富、成功的入门票”。专业与好人缘是一个相乘的关系，如果光有专业，没有好人缘，个人竞争力就是一分耕耘，一分收获。但若加上好人缘，个人竞争力将是“一分耕耘，数倍收获”。你拥有了正能量，你就会比较容易和人打交道，那样，你的人缘也会越来越好。

拥有正能量，你就是一个乐观的人。在这个世界上，两种不同的态度造就了两种不同的人。消极的态度造就了悲观的人；积极的态度造就了乐观的人。面对生活，悲观的人总是会失望，甚至是绝望；相反，乐观的人却总是在失望中找到最后的一线希望。精神可以击垮厄运，情绪可以支配人生，只要我们选择和酿造豁达乐观、积极向上的情绪，我们就会在人生的旅途中走向快乐，走向成功。

我们生活中的大多数时光都在很普通的日子里度过。有时，看似很正常的生活，感受上却似走进生活的误区。有点儿浑噩，有点儿疲惫，有点儿茫然，有点儿怨恨，总之，被苦闷所占据。此时，你若拥有正能量，就会对这些苦闷一笑而过，没有过不去的坎，为什么不能开心一点呢？在正能量面前，再大的困难也是云烟。

按照常规的思路，有时我们便会缺乏创造性或是跟在别人的后面亦步亦趋。当陷入思维的死角不能自拔时，不妨尝试一下逆向思维法，打破原有的思维定势，反其道而行之，开辟新的境界。世界上从没有一成不变的事物，也没有放之四海皆准的真理。正能量让我们不再固步自封，死守一个死角，它教我们必须变化地去看事物。事情发生了总会有解决的方法，换个角度思考问题，通常就会使一些困扰我们的问题迎刃而解。

人生是一个不断战胜自己，从而达到新的目标的过程。人生要想精彩就要无数次战胜自己。运用正能量，每一天都能战胜昨天的自己，每一天的你都会成长。因为战胜自己的过程可以使一个人成长起来，战胜自己的过程可以使一个人发觉自己身上的无限潜能，战胜自己的过程可以使一个人意识到自己的重要性。

一个人缘好、有声誉的人，就是一个拥有正能量的人。这种人凡事都可以轻而易举地办成。反过来，那些自以为是的人就可能处处碰壁。虽然有的人好像天生就有处世能力，他们总能在事业上获得成功，在经济上找到财富，不过，大多数人并不是天生就有这种受人欢迎的个人魅力，他们需要付出许多努力来培养这种受人欢迎的魅力。

正能量有了，我们的心态才会平和，我们才会让自己不再贪婪，让自己学着知足。因为知足是一种美德和智慧。因为知足，我们会自觉珍惜，并倍加珍惜我们今天拥有的一切，从而更好地把握现在，把握未来；因为知足，我们会更坦然地面对竞争，在权、钱、色面前心静神定，平静如水，在利义的天平上摆准法码，做到有所求、有所不求，有所为、有所不为，能为则为，不能为则不为；因为知足，我们会超然洒脱，出神入化，不必奉承拍马、阿谀应对，更不必做蝇营狗苟、蝇蛆逐臭之事；也因为知足，我们会懂得许多生活的情趣，从许多不经意的小事中获得美的享受。

茫茫人海，滚滚红尘，回眸四望，欣赏是一道绝美的风景，一隅人人渴望、四季相宜、风味独特的景观。学会欣赏，我们便懂得享受；学会欣赏，我们便拥有快乐；学会欣赏，我们便走近幸福。学会欣赏，用自己的正能量去感染别人，那么彼此都会成为一个受欢迎的人。

成功本身并不难，难的是成功之前面对失败的精神品质。人生是一场搏斗，敢于搏斗的人，才可能是命运的主人。拥有正能量，即使在山穷水尽的绝境里，再坚持一下，你就能看到柳暗花明。在冰天雪地的严寒中，再坚持一下，你也会迎来温暖的春风。

生活之中，我们感受周围的事物，形成我们的观念，做出我们的判断，无一不是由我们的心灵来进行的。然而，不好的情绪常常干扰我们的心灵，使我们出现种种偏差。因此，我们需要借助正能量来驾驭情绪，让自己的情绪变得高涨。

雨果曾说：“比陆地宽广的是海洋，比海洋宽广的是天空，比天空宽广的是人的胸怀。”拥有正能量的人，都是心胸宽广的人。因为如果我们心里能容得下山，容得下海，容得下天和地，那么我们怎么还就容不下小小的人？怎么还就容不下短短人生中的琐琐碎碎？那么，我们眼前哪还有走不通的路，哪还有过不去的坎儿？

正能量的作用就是唤醒你内心的热情，让你可以用一颗积极的心态来面对一切。成功者都具有积极的心态。保持积极心态，我们就有了信念的基点，就有了力量的源泉，就有了开启人生之路的探照灯，就有了打开成功之门的金钥匙。它可以让生活化弊为利，让苦变甜，让恨生爱，让单调变得丰富。从某种意义上讲，这是一种精神的追求和期待，是一种心境的欢愉和收获。

第一章

拥有正能量，你就拥有希望

拥有了正能量，你就拥有了希望。保持积极向上的心态，希望之花才不会凋零。希望是什么？是引爆生命潜能的导火线，是激发生命激情的催化剂。希望是一种情感，是一种意识，是我们任何人都不可放弃的生命伴侣。每天给自己一个希望，就是给自己一个目标，给自己一点信心；每天给自己一个希望，我们将活得生机勃勃、激情澎湃；每天给自己一个希望，我们就一定能够拥有一个丰富多彩的人生；每天给自己一个希望，并用勤奋去浇灌这希望之花，我们一定会收获梦想之果。

拥有梦想，才能拥有成就

从前，有两兄弟，老大想到北极去，而老二只想走到北爱尔兰。有一天，他俩从牛津城出发，结果俩人都没有到达目的地，老大到达了北爱尔兰，而老二仅仅走到了英格兰的北端。

一个具有崇高生活目的和思想目标的人，毫无疑问会比一个根本没有目标的人更有作为。有句苏格兰谚语说：“扯住金制长袍的人，或许可以得到一只金袖子。”那些志存高远的人所取得的成就必定远远离开起点。即使我们的目标没有完全实现，而为之付出的努力本身也会让我们受益终生。

几年以前的一个炎热的日子，一群人正在铁路的路基上工作，这时，一列缓缓开来的火车打断了他们的工作。火车停了下来。最后一节车厢的窗户打开了，一个低沉的、友好的声音响了起来：“大卫，是你吗？”这群人的负责人——大卫·安德森回答说：“是我，吉姆，见到你真高兴。”于是，大卫·安德森和这条铁路的总裁——吉姆·墨菲进行了愉快的交谈。在长达一个多小时的愉快交谈之后，两人热情地握手道别。

大卫·安德森的下属立刻包围了他，他们对于他是墨菲铁路总裁的朋友这一点感到非常震惊。大卫解释说，二十多年以前，他和吉姆·墨菲是在同一天开始为这条铁路工作的。

其中一个人半认真半开玩笑地问大卫，为什么他现在仍在骄阳下工作，而吉姆·墨菲却成了总裁。大卫非常惆怅地说：“二十三年前我为一小时两美元的薪水而工作，而吉姆·墨菲却是为这条铁路而工作。”

美国潜能成功学大师安东尼·罗宾说：“如果你是个业务员，赚一万美元容易，还是赚十万美元容易？告诉你，是十万美元！为什么呢？如果你的目标是赚一万美元，那么你的打算不过是能糊口便成了。如果这就是你的目标和你工作的原因，请问你工作时会兴奋有劲吗？你会热情洋溢吗？”

梦想越大，成就越高，人生真的是做梦做出来的。越是卓越的人生就越是梦想的产物。可以说，梦想越高，人生就越丰富，取得的成就就越卓绝；梦想越低，人生的可塑性就越差。这也就是平常说的：“期望值越高，达成期望的可能性就越大。”

把我们的梦想提升起来，它不应该退缩在一个不恰当的位置，让我们接受梦想的牵引吧！

一个梦想大的人，即使实际做起来没有达到最终目标，可他实际达到的目标都可能比梦想小的人的最终目标还大。所以，梦想不妨大一点，这可谓是人生的哲学。

可以跌倒，但别空手爬起来

丹麦的一名大学生有一次到美国旅游，他先到华盛顿，下榻威勒饭店，住宿费已经预付。他的上衣口袋放着到芝加哥的机票，裤袋里的钱包中放着护照和现金。但是在准备就寝时，他发现钱包不翼而飞，立刻下楼告诉旅馆的经理。

“我们会尽力寻找。”经理说。

第二天早上，皮包仍然不见踪影。他只身在异乡，手足无措。打电话向芝加哥的朋友求援？到使馆报告遗失护照？呆坐在警察局等待消息？

突然，这个大学生想到：“我要去看看华盛顿。我可能没有机会再来，今天非常宝贵。毕竟，我还有今天晚上到芝加哥的机票，还有很多时间处理钱和护照的问题。我可以散步，现在是愉快的时刻，我还是我，和昨天丢掉钱包之前并没有两样。来到美国，我应快乐地享受身在大都市的每一天。不要把时间浪费在丢掉钱包的不愉快之中。”

这个大学生开始徒步旅游，参观白宫和博物馆，爬上华盛顿纪念碑。虽然许多想看的地方他没有看到，但所到之处，他都尽情地畅游了一番。

回到丹麦之后，他说美国之行最难忘的回忆是徒步畅游华盛顿。五天之后，华盛顿警局找到他的皮包和护照并寄给他。

许多人一陷入困境就悲观失望，并给自己增加很重的压力，其实，应告诉自己，困境是另一种希望的开始，它往往预示着明天的好运气。因此，我们应该主动给自己减压。

只要放松自己，告诉自己希望是无所不在的，再大的困难也会变得渺小。困境自然不会变成阻碍，而是又一次成功的希望。

人生中有很多障碍或苦难，同时所有的苦难都藏匿着成长和发展的种子。但能够发现这种子并好好培养出来的人，往往只有少数。这些人到底是怎样的人呢？

第一是决心要克服苦难的人。没有这种决心的话，不管再怎么说“苦难才是机会”，也只会变成以另一种苦难结束的悲剧。

第二是能够认为苦难才是机会的人。没有这种想法，苦难会带来更多的苦难。

碰到危机时，一部分人会陷入恐慌状态，另一部分人反而会利用这个机会取得成功。这种差别才是改善人生的决定性的差别。

我们应记住，不管怎样不利的条件，只要我们能正确处理，都可能把它转变为有利的条件。

在欢喜状态时，人们大都不会自我反省，也没有上进心。相反地，在苦恼或挫折面前却经常会进行自我反省，这样反而有得到真正的幸福和欢乐的机会。那么，把痛苦变成机会，或者是变成恐慌状况，这种差别到底是从哪里出来的呢？它是由决心和态度决定的。

希望的阳光，你找得到吗？

在每个人的生活中都有一片希望的阳光。

有一对孪生兄弟，年龄不过四五岁，由于卧室的窗户整天都密闭着，他们觉得屋内太暗，看见外面灿烂的阳光，觉得十分羡慕。

于是，兄弟俩就商量说："我们可以一起把外面的阳光扫一点进来。"之后，兄弟两人拿着扫帚和簸箕到阳台上去扫阳光。等到他们把簸箕搬到房间里的时候，里面的阳光却没有了。

这样一而再、再而三地扫了许多次，屋内还是一点阳光都没有。正在厨房忙碌的妈妈看见他们奇怪的举动，问道："你们在做什么？"

他们回答说："房间太暗了，我们要扫点阳光进来。"

妈妈笑道："只要把窗户打开，阳光自然会进来，何必去扫呢？"

把封闭的心灵敞开，内心的阳光就能驱散其中的阴暗。无论处于怎样的境地，总是有人可以看到希望和光明，原因就在于他的心是敞开着来迎接光明的。

太阳的光芒我已无法用扫帚扫入自己的房间，而只要开一扇窗便可轻而易举地获得。我们内心的阳光何尝不是如此，我们每一个人都对生命中的灿烂阳光充满了渴望，我们也在努力地去追寻，但又总是有许多人没有得到，其实每一个能收获生命之中的阳光的人只不过是都遵从了一条秘诀，那就是首先要让自己的心中充满阳光。

要让自已的心中充满阳光并非难事，只要我们能积极地去发现生活中的美好和快乐，多宽容一些不顺和艰辛，那我们自然就会有一种充满阳光的心境了！

成长的路上学会改变

一只鲷鱼和一只蝾螺在海中，蝾螺有着坚硬无比的外壳，鲷鱼在一旁赞叹着说："蝾螺啊！你真是了不起呀！一身坚强的外壳一定没人伤得了你。"

蝾螺也觉得鲷鱼所言甚是，正扬扬得意的时候，突然发现敌人来了，鲷鱼说："你有坚硬的外壳，我没有，我只能用眼睛看个清楚，确定危险从哪个方向来，然后，决定要怎么逃走，"说着说着，鲷鱼便"咻"的一声游走了。

此刻呢，蝾螺心里想，我有这么一身坚固的防卫系统，没人伤得了我啦！我还怕什么呢？于是便缩进坚硬的壳里，等待危险过去。

蝾螺等呀等，等了好长一段时间，也睡了好一阵子了，心里想：危险应该已经过去了吧！它想探出头透透气，但是当它冒出头来时才发现，危险就在眼前，它不得不扯破了喉咙大叫："救命呀！救命呀！"

这个故事告诉我们，过分封闭自己或自我膨胀的人，都将丧失自我成长的机会，自陷危险之境而不自知！

同样的道理，我们也听过煮青蛙的故事吧。当把一只青蛙放进一锅烧得滚烫的开水中时，它一下子就会从里面跳出来，但是把青蛙放在温水里，然后在锅底下慢慢加温，青蛙在温水里自由地游泳，当水温慢慢升高的时候青蛙丝毫没有感觉，当它感觉到不舒服想跳出来的时候，双腿已经没有力量——它被煮熟了！

面对改变，我们时常会觉得有些不习惯，或者感觉有些压力，甚至是恐惧，可是我们要知道：这正是我们成长的时刻！

如果我们不想接受这些不习惯或者压力，那么就去做原来一直都在做的、一直都习惯做的事情，当然我们也将一直是过去的我们。若想要真正地成长，那就要突破舒适的范围，也就是要暂时失去安全感。当我们感觉自己有不习惯，有紧张或者压力，甚至是恐惧的时候，起码要知道，我们正在成长。

希望的灯火，等待你去点亮

从前有这么一个故事，一老一小两个相依为命的瞎子，每日里靠弹琴卖艺维持生活。一天，老瞎子终于支撑不住，病倒了，他自知不久将离开人世，便把小瞎子叫到床头，紧紧拉着小瞎子的手，吃力地说："孩子，我这里有个秘方，这个秘方可以使你重见光明。我把它藏在琴里面了，但你千万要记住，你必须在弹断第一千根琴弦的时候才能把它取出来，否则，你是不会看见光明的。"小瞎子流着眼泪答应了师父，老瞎子含笑离去。

一天又一天，一年又一年，小瞎子用心记着师父的遗嘱，不停地弹啊弹，将一根根弹断的琴弦收藏着，铭记在心。当他弹断第一千根琴弦的时候，当年那个弱不禁风的少年已到垂暮之年，变成一位饱经沧桑的老者。他按捺不住内心的喜悦，双手颤抖着，慢慢地打开琴盒，取出秘方。

然而，别人告诉他，那只是一张白纸，上面什么都没有。泪水滴落在纸上，但他笑了。

师父骗了小瞎子？这位过去的小瞎子如今的老瞎子，拿着一张什么都没有的白纸，为什么反倒笑了？

就在拿出"秘方"的那一瞬间，他突然明白了师父的用心，虽然是一张白纸，但却是一个没有写字的秘方，一个难以窃取的秘方。只有他，从小到老弹断一千根琴弦后，才能领悟这无字秘方的真谛。

那秘方是希望之光，是在漫漫无边的黑暗摸索与苦难煎熬中，师父为他点燃的一盏希望的灯。倘若没有它，他或许早就会被黑暗吞没，或许早已在苦难中倒下。就是因为有这么一盏希望之灯的支撑，他才坚持弹断了一千根琴弦。他渴望见到光明，并坚定不移地相信，黑暗不是永远，只要永不放弃努力，黑暗过去就会是无限光明。

然而，这样的过程是一个痛苦而漫长的积累过程，许多人没有成功便是因为耐不住寂寞和痛苦而半路退却了。的确，积累的过程是枯燥乏味的，很容易让人心里厌烦，也正因如此，我们要在心中为自己点燃一盏希望之灯，这盏希望之灯便是故事中的那个“秘方”，其实都不过是我们自己为自己设定的一个信念和目标。

美丽的错误，延续希望的灯火

在我们的生活中经常会发生一些看来很“错误”的事。错觉使人误入歧途，所以招人讨厌。但有些错觉，其实并不坏。

例如，一辆客车停在小镇上，车上坐着一位诗人。诗人向车窗外看了一眼。她看见了路边一间店铺，店铺的门上赫然写着几个大字：“阳光不锈”。诗人的心里一阵惊喜：“阳光不锈！”这店名起得多么富有诗意啊！想不到在这样的小地方也有诗！客车停了好一阵子，充满诗人心头的阳光也明媚灿烂了好一阵子。直到汽车开动，阻挡诗人视线的障碍物往后退去，让她看到了店铺的全称：“阳光不锈钢厨具”。人们为她感到扫兴：要是她没有看到“阳光不锈”后面的字，那该有多好！

一位年迈的母亲最疼爱她的儿子。可她的儿子在一次战斗中不幸阵亡了。他的战友们不忍心把这个噩耗告诉她，就模仿他的笔迹给她写信、寄钱，居然瞒过了她，一直到她去世。她望着照片上飒爽英姿的儿子，带着一种幸福和满足的微笑踏上了她的天国之旅。人们为这位母亲庆幸：幸好她不知道，要是知道，那会是多么残酷啊！

对于上面两则故事中的错觉，人们是乐于接纳的。郑板桥说：“难得糊涂。”糊涂就是错觉。人生需要精明，也需要糊涂。在生活的许多领域里，太精细了、太聪明了、什么都看透了，其实并不好，“水至清则无鱼，人至察则无徒”。甚至有时人们还刻意制造错觉：白发染黑，是制造年轻的错觉；麻脸搽粉，是制造漂亮的错觉；穿高跟鞋，是制造高度的错觉。亲友们对身患绝症的病人说：“没什么，你很快就会好的。”丧偶的母亲对孩子说：“你爸爸去了一个很远很远的地方。”

躲开那使人难以承受的残酷现实，而接纳那此刻并不坏的错觉，这是人生的一门处世艺术。

人生苦乐，看你心怀绝望还是希望？

人生在世，虽然只有短短几十年，却要经历各种艰辛，尝遍酸甜苦辣。

生活是美好而沉重的。人生是有苦又有乐的，是丰富多彩又艰难曲折的，就像白天与黑夜的互相交替一般。快乐时“春风得意马蹄疾，一日看尽长安花”，快乐的人感到连路边的鸟儿都在为他歌唱，花儿都似专为他开放。痛苦时，落日西风，万念俱灰，睡梦中也在滴泪。

曾经有两个囚犯，从狱中望窗外，一个看到的是满目泥土，一个看到的是万点星光。面对同样的遭遇，前者心中悲苦，看到的自然是满目苍凉、了无生气；而后者则心往好处想，看到的自然是星光满天、一片光明。

人生的道路虽然不同，但命运对每个人都是公平的。窗外有土也有星，有快乐也有痛苦，就看我们能不能咬定青山不放松，凡事往好处想。西方哲学家蓝姆·达斯讲过这样一个故事：

一个病入膏肓、仅剩数周生命的妇人，整天思考死亡的恐怖，心情坏到了极点。蓝姆·达斯去安慰她说：“你是不是可以不要花那么多时间去想死，而把这些时间用来考虑如何快乐地度过剩下的时间呢？”

他刚对妇人说时，妇人显得十分恼火，但当她看出蓝姆·达斯眼中的真诚时，便慢慢地领悟着他话中的诚意。“说得对，我一直都在想着怎么死，完全忘了该怎么活了。”她略显高兴地说。

一个星期之后，那妇人还是去世了，她在死前充满感激地对蓝姆·达斯说：“这一个星期，我活得比前一阵子幸福多了。”

“苦乐无二境，迷悟非两心”，妇人学会了心往好处想，所以便能在离开人世前仍能感到一丝幸福，快乐地合上双眼，相信她死后能进入天堂；如果她仍像以前一样，一味地想死，那只能是痛苦地离开人世，死后只能进入地狱。

人总是避苦求乐的，都希望快乐地度过每一天，但生活本身就充满酸甜苦辣。快乐和痛苦本是同根生。当我们快乐时，不妨留一片空间，以接纳苦难；当我们痛苦时，不妨想到往昔的快乐。

凡事往好处想才能帮我们冲破环境的黑暗，打开光明的出路才能获得更多更大的人生乐趣。在困顿、苦难面前，一味哭丧着脸，除了磨掉自己的锐气外，是不会赚到任何同情的眼泪的。只有颤抖于寒冷中的人最能感受到太阳的温暖，也只有从痛苦的环境中摆脱出来，才会深深地感觉到这个世界的美好。就像火车过隧道，即使在黑暗中，也要看到前方的光明。

生活的空间永不饱和

一位哲学教授给他的学生们上了这样一课：

这天，教授带了一堆瓶瓶罐罐走进教室，像变戏法一样，他先把一个空的大号蛋黄酱瓶展示给学生们看，然后把高尔夫球一个一个地放进那瓶里，一直放到齐瓶口。

教授问学生：“这个瓶子装满了吗？”全班学生都举手，一致认为瓶子已经装满。

教授又拿出一个纸袋，把里面的小石粒掏出来，一撮一撮地放进那个瓶子。小石子逐渐漏下，填补了高尔夫球之间的空隙，直至满到瓶口。学生们这才晓得，装了高尔夫球的瓶子并没有满。

这时教授又问：“这个瓶子已经装满了吗？”学生们确信，这下子瓶子一定是满了，不能再放任何其他东西了。

可是教授又提起一个纸袋，朝那瓶中倒去。不料袋中装的是细沙，一股一股地灌进瓶中，钻进小石子之间的空隙，直至满到瓶口。教授再次问学生现在瓶子是否装满了？学生们想了一想，又一致回答：“这一次瓶子绝对装满了。”

教授一弯腰，从讲台下面拿出两罐啤酒，慢慢地倒进瓶子，结果满满的两罐啤酒都渗进了沙粒之间看不到的空隙里。学生看到这里，都明白了教授所要表达的意思。

这个瓶子就好比是我们的生活。当我们觉得自己的生活已经饱和，实际上生活中还是有许多的空间，可以填补进去许多东西。而在我们的生活之中，有些事物是很重要的，就像这瓶中的高尔夫球一样，比如自己的家庭、亲人、孩子、自己的健康、我们的朋友们、我们的情感和热情。

为什么说这些高尔夫球是我们生活中最重要的事物呢？那就是说，就算我们失去了其他的一切——那些小石子和细沙，只要我们保留着这些高尔夫球，这个瓶子仍然是满的，我们的生活就不会空虚。

那些小石子就好像是我们生活中间的第二等事情，比如我们的工作、住房、汽车等身外之物。这些东西在我们的生活中都远不及高尔夫球那么要紧。而至于细沙，那就好像生活中更加琐碎和没有价值的事情，比如清理房间等。

最重要的是，要牢牢记住，如果我们最先用细沙装满了瓶子，那么将再没有空间去放置高尔夫球，甚至小石子。我们的生活中如果被琐碎细小而毫无价值的事务填满了，我们把所有的时间和精力都用来追求那些无聊的身外之物，那么我们到哪里去寻找空间来关心自己的家庭、亲人、孩子、健康、朋友和感情呢？那么，两罐啤酒又象征什么呢？这啤酒的意思就是说，不管我们的生活表面上看好像有多么繁忙和沉重，我们其实永远还是会有空间去喝下两罐啤酒的。

这正是生活的哲理。分清轻重主次，首先关怀对自己和家庭幸福最为重要的事情，跟孩子们一起做游戏，按时做体检，约朋友出去吃个饭。要知道，在这些头等重要的事情都做到之后，我们还是能够找到空间做第二等的事情，如在生活里放进小石子去，然后还可以再放进像细沙那样的小事情。

生活中还有很多是比工作还重要的东西，我们不要把一颗心全部投入在一件事情上，要抽出一点时间陪陪家人、看看朋友、出去旅游、呼吸一下新鲜空气……

失败209次，成功就在第210次

有这样一个故事，是讲一位医学博士的，他经过210次实验发现了脊髓灰质炎疫苗，结束了这一病症对人类的肆意蹂躏。有一次，人们问他：“你取得了如此卓越的成就，彻底结束了脊髓灰质炎对人类的肆虐，取得这样的成就后，你是怎么看待先前的209次失败呢？”

博士这样回答：“我这一生中从来没有经历过209次失败。我的字典上没有‘失败’这个词。前209次尝试增加了我的经验，让我学到很多东西，实际上是我做了210次发现。没有前209次的学习，我不可能得到这样的结果。”

在前进的路上，我们可能会做错，可能走了弯路，可能离原来的目标更远了，但是，这一切都是宝贵的体验和收获，是那位医学博士所谓的“两百”次发现之一，如果我们愿意进一步地尝试和努力，那么，原来的错误就是我们前进的阶梯。但是，如果我们在挫折之后对自己的能力或“命运”发生了怀疑，产生了失败情绪，想放弃努力，那么我们就已经失败了。

还曾有一个心理学的实验，在这个实验中，有一群狗在一个很简单的任务上都失败了，那么狗的“字典”上是怎么出现“失败”这个词的呢？

实验中，有一个很大的笼子，底是铁做的。笼子中间有一个铁栅栏，把笼子分为两半。把狗放进笼子的一边，在笼子底上通电，狗就会受到电击，进而感觉到尖锐急剧的刺痛。一些狗受到电击后会很快地跳到笼子的另一边去，从而躲避了电击。在另一边受到电击时，这些狗又会很轻松地跳回来，到没有通电的一边去。这个任务是很简单的。随着通电部位的变化，狗就在这个箱子的中间跳来跳去、穿梭跳动以躲避电击。因此，这个箱子也被形象地称为“穿梭箱”。

但是，有另外一群同样的狗，它们在穿梭箱中受到电击时，不做任何跳跃和挣扎的动作，只会浑身发抖，低声哀鸣，一副失败者的可怜样。为什么这些狗会表现出这种任人宰割的惨相呢？原来，心理学家在把这些狗装进穿梭箱前，对它们进行了如下的操作：把这些狗拴在一个铁柱子上，时不时地用电来刺激他们，狗受到电击后会挣扎、跳跃、咆哮，但是无论它们怎么挣扎，都摆脱不了电击的折磨，经过几天数十次的电击和无效的挣扎后，这些狗都放弃了努力，在受到电击时，只是趴在地上，瑟瑟发抖，低声哀鸣，再也不挣扎了。这时，再把这些狗放进穿梭箱中，对这种轻轻一跃就能摆脱的电击刺痛，它们也认了。失败的狗挣不脱柱子，就以为跳不过栅栏。

另外一个类似的现象是动物界的大力士——大象，在经过人的驯化后，用一根麻绳将它拴在一个很细的撑杆上也不会挣脱，为什么呢？原来是在训练的过程中，驯象员先用铁链把大象拴在牢固的铁柱子上，野性未驯的大象最初会拼命挣扎，但是怎么挣扎也没有用。

这时，驯象员在一边又对它们进行温柔地服侍和教化，最后大象放弃了挣扎，并学会了为人服务的杂耍。可以说，尽管大象在一些马戏杂耍上取得了令人叫绝的成功，但是它们对被绳子拴在一个柱子上不能挣脱这一“事实”或“命运”认了，它们在试图摆脱束缚这一点上自认失败了。

人当然比狗和大象聪明，把人囚禁在一个地方的时候，不管原来有多少次失败的经验，他们总会想逃脱并且会不断想出办法。但是，在某些场合下，人是否也同样会像上述的狗或大象一样自认“失败”的命运呢？

挖井的人，在预计见到的水的深度，每再往下挖一锹，如果仍然见不到水，对他就是一个打击，经过数百、数千次这样的打击，他就会自认倒霉，就会认为自己选错了地方、“看走了眼”，便到别的地方去了，结果，另外一个人在前人放弃的地方，可能又往下仅挖几尺就喝上了甘甜的井水；满心希望讨老师喜欢的差生，由于经常受到老师的责骂，由于自己基础差，不管怎样努力也得不到老师的好脸色，结果他就可能破罐子破摔，放弃了努力，甚至走上了跟老师故意捣乱的道路；不善交往的腼腆的人，在跟人接触的时候，老是冷场，老是感到不自在、不快乐，结果认了“命”，过起孤独的生活，开始回避所有的人。

类似的事情不胜枚举，但都有一个共同点，那就是事件的主人，觉得自己无能为力，感到灰心丧气，认为不得不放弃了，一句话，他们觉得自己在这件事情上失败了。

因而，所谓失败其实就是自己的一种感觉，是在通往目标的过程中，由于自己的行动多次受阻而产生的绝望感，是自己在自己心中滋养起来的“纸老虎”。对于这种吓人的、张牙舞爪的纸老虎，你不打，它是不会倒的。

所以，将“失败是成功之母”换个表达方式可能会更好一些，那就是错误和尝试是成功之母。而失败仅仅是自己的一种感觉，是一种绝望的感觉。

事实上，没有什么失败，失败仅仅存在于失败的人的心中，只有屡败屡战的人才是真的英雄，才能真正体验生活的味道，享受成功的喜悦。

梦想是你的宝贝

成功者都曾有过梦想，因此，他们做事大方、不拘小节，踏实勤勉，肯于付出。只因他们不计较眼前的小利益，不断地积累自己的经验，所以才能一步步构筑未来的梦想。

据说，奥地利的布鲁克居住在贫困的乡间，母亲早年去世，父亲后来在工作中受伤，无力继续支撑家庭，加上两个需要扶养的弟弟，家里的重担立刻压在了布鲁克的肩上。尽管如此，他依然坚信自己的梦想会实现。

一天，一位顾客匆忙拿了一双鞋底坏掉的皮鞋交给布鲁克修理。

布鲁克动作熟练，隔天便把鞋底缝补、敲钉完成。顾客抚摸着那双鞋子，感动地说："小伙子，谢谢你把我的皮鞋修好，这是我见过的修得最好的一双鞋，不但缝补得很坚固，还把皮鞋擦得跟新的一样。"

附近同行擦皮鞋的人，私下窃语："布鲁克真是服务过头了，顾客只付了修皮鞋的钱，可他却把皮鞋擦这么亮，这有什么好处呢？他这么笨，注定是要一辈子落魄的。"

布鲁克并不在意这些话，只是继续做自己的工作，他觉得为顾客着想，对得起自己的良心，收取顾客的钱心安理得，这样就够了。

后来，布鲁克受到皮鞋工厂的雇用，在工厂专门修补有瑕疵的皮鞋。多年以后，那些嘲笑布鲁克的人仍然还在街头修补皮鞋，至于布鲁克，已经担任奥地利最大皮鞋工厂的制造经理。

每个人都希望命运给自己一个机会，希望别人给自己一个机会。但在这之前，是不是应该先以自己的付出给别人机会，接着，慢慢累积自己的梦想？

梦想，它帮助人们跨越了一个又一个的困难，让人们实现了一个又一个的愿望！是它，使得人们能够生活在充满着进步的社会！因为有了梦想，所以人们会为实现自己的梦想而去努力！

安第斯山脉有两个好战的部落，一个住在低地，另一个住在高山上。有一天，住在高山上的部落入侵位于低地的部落，并带走该部落的一个小婴儿作为战利品。低地部落的人不知道如何攀爬到山顶，尽管如此，他们仍然决定派遣最佳的勇士部队爬上高山去带回这个小婴儿。

勇士们试了各种方法，却只爬了几百尺高。正当他们决定放弃解救小婴儿、收拾行李准备回去时，却看到婴儿的母亲正由高山上朝他们走来，背上还缚着她的小孩。其中一位勇士走向前迎接她，说："我们都是部落中最强壮有力的勇士，连我们都爬不上去，你是如何办到的呢？"

她耸耸肩说："他不是你的宝贝。"

每个人的目标、梦想都是自己的宝贝，没有人会比自己更重视、更保护它，并且为它奋斗。千万不要期待他人，我们必须自我要求，同时专心致志、集中意念地去实现梦想。

这是真正的"高峰体验"，不再惊愕，不再战栗，而是静静地俯瞰千嶂叠翠，黄河在绿野细成金蛇，白云飘在我们脚下，太阳照在我们头顶，大气磅礴，峰巅已在脚下。

如今的社会，假如没有梦想，那么我们将无法在这个社会立足。在这个充满着竞争的社会当中，梦想，它起着非常重要的作用，我们要去实现它，我们要去为了它而努力！

第二章

拥有正能量，你会拥有好人缘

美国好莱坞流行一句话："一个人能否成功，不在于你知道什么，而是在于你认识谁。"这句话不是叫人不要培养专业知识，而是强调"好人缘是一个人通往财富、成功的入门票"。专业与好人缘是一个相乘的关系，如果光有专业，没有好人缘，个人竞争力就是一分耕耘，一分收获。但若加上好人缘，个人竞争力将是"一分耕耘，数倍收获"。你拥有了正能量，你就会比较容易和人打交道，那样，你的人缘也会越来越好。

认识的人多了，事情就容易了

我们的大部分工作都是需要与人打交道。甚至很多时候，如果我们能找到并促使合适的人来干某项工作，我们自己就可以甩手。关于"人"的学问很大，而积累的经验越多，认识越深刻，越有利于我们的工作。

人在职场必定会遇上形形色色的人，会与成百上千的人打交道。俗话说："人要上百，各样各色。"你会遇到形形色色的人。

每个人都有每个人的特点，每个人都有每个人的性格，只有判别各种人的特点，才能很好地与各种人打交道，才能在交往过程中有效地保护自己。

如果在职场上认识不到"研究人"的重要意义，对于和自己打交道的人一知半解，甚至完全不了解，或者即使了解了，也不知道应该如何应对，那么迟早会吃亏。运气不好，甚至可能会栽在这上面。

在职场上“研究人”，至少包括以下三个方面：

首先，认识到“研究人”的重要性，通过思考和总结，掌握一套适合自己的方法和理论。

其次，按照自己的判别标准，把职场人际关系圈中的人区分成四个类型：一是所谓的“好人”；二是“一般人”；三是“值得警惕的人”；四是所谓的“坏人”。

为什么说要“按照自己的标准”区分呢？因为世界上不存在绝对的“好人”或“坏人”。所谓的“好”“坏”之分，完全是由于判别标准所致。

判别标准也是相对的，不存在绝对性，因人、因时、因地、因事而异。比如，有人认为“对我好的人，就是好人”，有人则认为“大多数人认为是好人，就是好人”。

区分了类别后，就需要区别对待。对于所谓的“好人”，就要充分信任，将其纳入自己人际关系的“核心圈”，经常交心；对于“一般人”，要正常交往，但不可走得太近，保持不即不离的方式；对于“值得警惕的人”，要尽可能保持距离，避免过多接触；对于“坏人”，可以采取不理睬主义，也完全可以采取斗争的方式。

我们遇到一个人，就要想：对方是什么样的人呢？什么事情对他最重要呢？他怎样才会高兴呢？在何种状况下会觉得厌恶呢？

人有各种类型，千差万别，而每个人认为最重要的事情也不一样。

“钱最重要”“地位、名誉、体面是最重要的”“信赖感是最重要的”“安全第一”“自由比任何东西都可贵”等，每个人的价值观都不一样，这些都是需要事先了解的。

你同样对人好，也许A先生会感谢你，B先生却会觉得你很啰唆。这时候，你应该想：A先生是喜欢他人关心的类型，而B先生则是不喜欢受到他人的干涉，喜欢自由自在的类型。

人是千差万别的，即使你认为自己了解对方，最后还是会做错事情。如果你无法深入地了解对方，不妨采取某种程度的模式化。

比如，人有两大类型，即“情绪派”和“实质本位派”。前者和蔼可亲，善于交际，对他美言几句，就会感到高兴。后者呢，与其说他喜欢听表面的话，倒不如说他更加重视内容。

例如在进行会话交流的时候，有的人喜欢从寒暄开始，比如说“今天好热呀”，或是最近流行的话题等，而有的人却说“赶快切入主题吧”。

这种人在不忙的情况下也喜欢这样，说明是属于实质本位的人。

一般而言，欧美的客户喜欢这种实质本位的谈话，在他们之间并非不喜欢聊天和打招呼，而是喜欢在谈完正事之后再聊。立刻导入主题的人是属于欧美系统的人。

而东方国家比如日本是喜欢寒暄之后再切入主题，否则就会被批评为“不懂得人情世故”。通常，女性是属于招呼语前置型，男性则是属于切入主题型。

我们应该在认同个人差距和个人异同之处后，再看看其类型化。在有很多人工作或进出的公司里，不难找到这些模范。

投资人情，收获会超出你的预期

喜欢别人，又能让别人喜欢的人，才是世界上最成功的人。成功的人们大多喜欢广泛交际，并结成自己的“交际网”。比如，你要某人推荐几个供你拜访的朋友，如果这个人是个失败的人，他好不容易才能为你提供一两个人，而且好不容易才找到这一两个人的地址和电话。成功的人就不同了，他们会推荐出一大堆朋友，而且是在长长的名单上寻找，因为名单上包括各式各样的朋友。由此显示出成功者与失败者在交友方面的差别。

成功的人大多是有关系网的人。这种网络由各种不同的朋友组成，有过去的知己，有近交的新朋友，有男的，有女的，有前辈，有同辈或晚辈，有地位高的，有地位低的，有不同行业的，有不同特长的，也有不同地方的……这样的关系网才是一个比较全面的网络，也就是说，在你的关系网中，应该有各式各样的朋友，他们能够从不同的角度为你提供不同的帮助。当然，你也要根据他们不同的需要为他们提供不同的帮助。这才是关系网应当具有的特征。

广泛与人交往是机遇的源泉。交往越广泛，遇到机遇的概率就越高。有许多机遇就是在与朋友的交往中出现的，有时甚至是在漫不经心的时候，朋友的一句话、朋友的帮助、朋友的关心等都可能化作难得的机遇。在很多情况下，就是靠朋友的推荐、朋友提供的信息和其他多方面的帮助，人们才获得了难得的机遇。

每一个伟大的成功者背后都有另外的成功者。没有人是自己一个人达到事业的顶峰的，假如你决心成为出类拔萃的人，千万不能忽视人际关系，一定要建设好自己的人际关系网，因为这个关系网是能让我们终身受益的一种资本。

1. 以真诚换真诚

大家也许听过这样一个故事：一个生气的男孩想向他妈妈大喊他恨她，又害怕受到惩罚，就跑出家，来到山腰上对着山谷大喊："我恨你！我恨你！我恨你！"山谷传来回应："我恨你！我恨你！我恨你！"男孩吃了一惊，跑回家去告诉他妈妈说，在山谷里有个可恶的小男孩对他说恨他。于是，他妈妈就把他带回山腰上并让他喊："我爱你！我爱你！"男孩按他妈妈说的做了，这回他发现有个可爱的小男孩在山谷里对他喊："我爱你！我爱你！"

如果你用真诚对待身边的人，别人也会用真诚对待你，那么你将会赢得更多的东西。

我们每个人在自己所接触的人中都会遇到各种各样的人，他们中有与自己合得来的，也有合不来的。虽然我们有权利选择和什么样的人来往，甚至可以尽量不和自己性格不和的人交往，但是，这绝不是一个英明的选择。因为无论在任何时候，我们都生活在一个集体之中，这就注定必须和这样那样的人相处。因此，我们只有积极主动地努力适应对方的性格特点，真诚地对待身边的每一个人，才能建立良好的人际关系。

2. 保持适当的距离

人际交往是满足人们需要的活动。心理学家霍曼斯早在1974年就曾经提出人与人之间的交往本质上是一种社会交换，这种交换同市场上的商品交换所遵循的原则是一样的，即人们都希望在交往中得到的不少于所付出的。

人际交往要有所保留，初入社交圈中的人常犯的一个错误就是"好事一次做尽”，以为自己全心全意地为对方做事会让彼此的关系融洽、密切。事实上并非如此。因为人不能一味地接受别人的付出，否则心理会感到不平衡。“滴水之恩当涌泉相报”，这也是为了使关系平衡的一种做法。如果好事一次做尽，使人感到无法回报或没有机会回报的时候，愧疚感就会让受惠的一方选择疏远。留有余地，好事不应一次做尽，这也许是平衡人际关系的重要准则。

留有余地，适当地保持距离，因为彼此的心灵都需要一点空间。如果你想帮助别人，而且想和别人维持长久的关系，那么不妨适当地给别人一个机会，让别人有所回报，不至于因为内心的压力而疏远了双方的关系。而“过度投资”，不给对方喘息的机会，就会让对方的心灵窒息。留有余地，彼此才能自由畅快地呼吸。

3. 让别人信任你

良好人际关系的一个重要条件就是人际信任。人的感情沟通是同质的：爱引起爱。嫉妒引起嫉妒，恨引起恨。这是感情的正相关效应。所以，我们只是以爱来唤起爱，以爱来回报爱，以信任来唤起信任，以信任来回报信任。

现在很多人在人际交往中存在的一个问题就是对他人难以信任。在有些人眼中，社会复杂得就像个大黑洞，你无法看清它的真面目；他人都是心怀叵测，不可相信的。因此，在与人交往中，疑虑重重，唯恐上当受骗。有些居心不良的人固然是要防备的，但毕竟是少数，不能因此连朋友也拒之千里。过分地狐疑、猜忌、不信任，会使人难于交友，无法形成相应的人际关系，在这种氛围中工作学习都会受到影响，个人的心理压力也会很大。

但是，有些人容易走极端，在人际交往中对任何人都是以不设防的心态高度信任，这种做法也并不可取。有的人的鉴别能力不是很高，过度地信任他人会使人丧失应有的警惕，使别有用心的人有机可乘。

善于开发，人人都是你的贵人

在你的人际网络中，只要你善于开发，每一个人都会成为你的金矿。

在这里，我们分享一下世界一流人脉资源专家哈维·麦凯是如何利用人际来推销自己，找到一份好工作的。

哈维·麦凯从大学毕业那天就开始找工作。当时的大学毕业生很少，他自以为可以找到最好的工作，结果却徒劳无功。好在哈维·麦凯的父亲是一位记者，认识一些政商界的重要人物，其中有一位叫查理·沃德。查理·沃德是布朗比格罗公司的董事长，他的公司是全世界最大的月历卡片制造公司。四年前，沃德因税务问题而服刑。哈维·麦凯的父亲觉得沃德的逃税案有些失实，于是赴监狱采访沃德，写了一些公正的报道。沃德非常喜欢那些文章，他几乎落泪地说，在许多不实的报道之后，哈维·麦凯的父亲终于写出公正的报道。

出狱后，他问哈维·麦凯的父亲是否有儿子。

“有一个在上大学。”哈维·麦凯的父亲说。

“何时毕业？”沃德问。

“正好需要一份工作的时候。他刚毕业。”

“噢，那正好，如果他愿意，叫他来找我。”沃德说。

第二天，哈维·麦凯打电话到沃德办公室，开始，秘书不让见。后来提到他父亲的名字三次，才得到跟沃德通话的机会。

沃德说：“你明天上午10点钟直接到我办公室面谈吧！”第二天，哈维·麦凯如约而至。不想招聘会变成了聊天，沃德兴致勃勃地聊哈维·麦凯的父亲的那一段狱中采访。整个过程非常轻松愉快。

聊了一会儿之后，他说：“我想派你到我们的‘金矿’工作，就在对街——‘品园信封公司’。”

在街上闲晃了一个月的哈维·麦凯，现在站在铺着地毯、装饰得高档豪华的办公室内，不但顷刻间有了一份工作，而且还是到“金矿”工作。所谓“金矿”，是指薪水和福利最好的单位。

那不仅是一份工作，更是一份事业。42年后，哈维·麦凯还在这一行继续寻找那个捉摸不透的“金矿”，而且成为全美著名的信封公司——麦凯信封公司的老板。

哈维·麦凯在品园信封公司工作当中熟悉了经营信封业的流程，懂得了操作模式，学会了推销的技巧，积累了大量的人际资源。这些人际关系成了哈维·麦凯成就事业的关键。

事后，哈维·麦凯说：“感谢沃德，是他给了我的工作，是他创造了我的事业。”

你所认识的每一个人都有可能成为你生命中的贵人，成为你事业中重要的顾客。沃德，一个曾经身穿囚衣的犯人，都有可能成就一个人的人生和事业。做个有心人，随时随地地注意开发你的人脉金矿！

学会沟通，获得好人缘

最好能够超越公司以外，建立起在任何状况下都可以轻松见一面的关系。人际关系并非短期间就能建立，而是“不断循环”的。千万不要以为这个人目前对我没有帮助，所以就不去理会他。

如某公司要派人去参加同行业的年度会议，因这类会议内容枯燥乏味，沉闷冗长，故使得众职员望而却步，退避三舍，这令公司老板伤透了脑筋。这时，职员阿志主动提出去参加会议，同事们都笑他傻到家了。但是阿志却认为，这类会议虽沉闷，但却是同行俊杰的大聚会，趁这个机会，多结交些同行，多联络一下感情，这对充实自己的关系网是大有裨益的。他日如自己另立门户、闯荡江湖时，这些关系网的作用不可低估，就是眼下对自己的工作也是百利而无一害。阿志是真正的聪明人，他用公司的时间、公司的荷包去编织自己的关系网，这真是上班族的一大秘诀。

有的老板根本不懂这些情况，也不关心。这时就要你主动去打探哪里有这类会议，时间地点内容俱全，才能向上司提出参加会议的要求，并以公司的名义被委派出去。再有一类情况是老板虽然内行，但是个吝啬鬼，不肯掏腰包，这时你就要从大局考虑。如果这次会议对你的前途、你的关系网真的那么重要，那就是自己掏腰包也要去，这才叫深谋远虑，才叫有战略眼光。

工作中，人同此心，心同此理。其实很多人也渴望通过工作建立自己稳定的人际关系。既然如此，我们就要和对方一拍即合，彼此成为对方的知己。而这种情况下建立的人际关系需要一种心灵的默契。

人际网络要勤力维护，因为如俗话说的："三年不上门，当亲也不亲"，"远亲不如近邻"，都说明经常来往、情感沟通，才能保持人脉。

首先，你要对人际关系有个记录。记录在什么活动中结交了什么人。不仅写名字，还要写下你对他们的工作最感兴趣的方面。这样就不用记住所有的细节，在有所需要时就会有所侧重地查看卡片了。

你的人际关系网是张安全的网，因此你可以慷慨些——介绍第三个人加入你们的行列。这样，你是这个关系网中的一分子而且是一个介绍人的名声就会传开，谁都需要这样的人，会使你更受欢迎。

其次，你对人际关系要忠诚。不要因为她休了一年的产假，就将那个前任的好友从你的联系人名单中划去。保持和她的联系，即便是她和你目前的工作完全没有联系。只有当你在时机好的时候维护好你的人际关系，你才能在不顺利的时刻获得她的帮助。

再次，小事也可以有大影响。在熟人生日时送上鲜花或是发出一个祝福的电子邮件，在朋友结婚时或是生育了也要及时送上祝福，当你在行业报告中读到老同事获得成功时，不要忘记祝贺他。最终你会发现自己也会收到意想不到的祝福，也会有人想着你。

最后，建立一个固定的联络方式是有必要的。与工作或是同行每个月在聚会上碰面。在这种内部聚会上会有不少免费的内部消息、工作方法的建议和成功的战略。

和名流交往，你才会变成名流

要与一流的人物交往，使自己也成为一流的人物。

在自己所处的环境里，能与站在顶点地位的一流人物交往，并学习其观念、优点、做法，才能引导自己向上。名流中固然有名不符实者，但毕竟大多数人确有本事和才能。倘若能吸取他们的经验和观点中的精华，这对你的生活和工作必将大有裨益。而与那些远不及自己的人往来，最后很容易使自己落到那些人之后。

结交名流也可能获得更切实的帮助。如果你立志在商界干出名堂来，首先就要想办法接近商界名流，与其交往，建立起良好的关系。一旦与你建立了信赖关系，他就会考虑："替这个人找个机会吧。"如此一来，你的命运可能会大为改观，甚至可能一层层地脱胎换骨，一步步地走入名流社会。可能你还没有真正认识到，有名的人往往有深远的影响力，一句赞许的话就可能使你受益良多。

在心理学上有一种"趋势"心理，就是结交、崇拜、依附有名望者的心理。这种心理绝大多数的人都有，只是程度不同而已。它反映在人的心理上是希望提高自己的社会地位，平等地与名人交往。

有一个著名的公关专家曾经说过这样一段话：

"要发展事业，人际关系不容忽视。费心安排的话，人际关系便能由点至面，进而发展成巨树。有了巨树我们才能在巨树的大荫下休息，坐享利益。社会地位愈高的人，在拓展事业的时候，人际关系愈是重要。但是，总不能因此就拿着介绍信要去拜会重要人物。就算登门造访，人家也未必有时间见你，因为各界执牛耳的人物们，通常都排有紧凑的日程表，即使见面，顶多也不过5分钟、10分钟的简短晤谈，无法深入。所以，制造与这些人物深入交谈的机会，非得另觅办法不可。"

而另一位著名的企业家却通过"十年修得同船渡"的方法结识许多社会名流，他的经验是："在每次出差的时候，我都选择飞机的头等舱。一个封闭的空间，不会有其他杂事或电话干扰，可以好好地聊上一阵。而且搭乘头等舱的都是一流人士，只要你愿意，大可主动积极地去认识他们。我通常都会主动地问对方：'可以跟您聊天吗？'由于在飞机上确实也没事可做，所以对方通常都不会拒绝。因此，我在飞机上认识了不少顶尖人物。"

知道结交名流也是人之常情，你就无须畏缩，只需要拿出勇气和智慧来。与名流交往、沟通，不断地从内在和外在两方面一起提升自己，一步步地迈入名流行列。

我有一个“忘年交”

有这样一个故事：一位来自一个很偏僻的地方的青年人，有一次他在学校里听到一个专家的讲座后，非常喜欢。于是趁着假期专门去拜访那位专家，却苦于无法合情合理地接近他。也许是运气吧，有一天，他正在商店里买东西，看见老专家也在采购，于是走上前帮他拿东西。趁着这个机会，他向老教授表达了自己的想法，没想到老教授居然答应了他。三个月后，他成为老教授唯一的贴身助手。凭借自己广泛而深厚的人际关系，老教授把他介绍给了许多行业内的顶尖人物。于是顺理成章地，他也迅速拓展了自己的人际关系，而且其中有大多数人是领军人物。

如果你很年轻，正在做第一份工作，你可能面临不少问题，如人际圈子有点窄小。十个月前加入公司的排球队，而现在仍当不上副队长，尽管球技不错。没关系，记住，人际是一门终生的学问，需要不停地学，不停地用。你在二十岁时学习，七十几岁时仍然会有收获。

交朋友时不要只看对方的爱好和个性，更重要的是，你需要一些善于鼓励人的、乐观而幽默的、诚恳且有同情心的、乐于助人并愿意倾听人诉说的朋友。也许你会说：“我没有这样的朋友，也不敢去乱找朋友，如果别人拒绝怎么办？”但即使别人拒绝了你，你也没有失去任何东西，可如果别人接受了你，你就可能因此找到知己。同时，在寻找好友的过程中，也应让自己成为这样一个会鼓励人的、乐观而幽默的、诚恳且有同情心的、乐于助人并愿意听人诉说的人，并尽力去帮助周围的亲人和朋友。惟有更多人的自愿付出，快乐才能更迅速地通过人际网扩散。

学习别人的经验和自己亲自积累同等重要。所以，要多在朋友身上发掘值得欣赏的特点，如热心、幽默、机智、博学、正直、沟通、礼貌、尊重他人等。在班级、公司、社团中，多观察周围的人，特别是那些你觉得人际交流能力特别强的人，看他们是如何与人相处的。比如，看他们如何处理交往中的冲突，如何说服他人和影响他人，如何发挥自己的合作和协调能力，如何表达对他人的尊重和真诚，如何表示赞许或反对，如何在不冒犯他人的情况下充分展示个性等。有的方法可以直接借鉴，有的方法可以间接模仿，有的地方可以比他们做得更好。通过观察和模仿，你会逐渐地发现，自己的人际交流能力有了意想不到的改进。

成功交际，和陌生人一见如故

可以和陌生人说话一见如故，这是成功交际的理想境界。无论是谁，如果具有跟大多数初交者一见如故的能耐，他就会朋友遍天下，做事就会左右逢源；反之，如果缺乏跟初交者打交道的勇气，不善于跟陌生人交谈，他就会在交际中处处受阻，事业也就难以成功。

初次见面，交际双方都希望尽快消除生疏感，缩短相互间的感情距离，建立融洽的关系，同时给对方一个良好的印象。那么，怎样才能通过交谈较好地做到这一点呢？

1. 通过亲戚、老乡关系来拉近距离

由于亲戚、老乡这类较为亲密的关系会给人一种温馨的感觉，使交际双方易于建立信任感。特别是突然得知面前的陌生人与自己有某种关系，更有一种惊喜的感觉。故而，若得知与对方有这类关系，寒暄之后，不妨直接讲出，这样很容易拉近两人的距离，使人一见如故。现在许多大学里面都有一些老乡会、联谊会等组织。这些老乡会、联谊会就是通过老乡关系把同一地方的学生召集在一块，组织起来，同时也通过老乡会来相互帮助、联络感情、加强交流。从人的心理上来讲，每个人的潜意识中都有一种“排他性”，对自己的或跟自己有关的事物往往不自觉地表现出更多的兴趣和热情，对与自己无关的则有一定的排斥。因而，在交谈中将这类关系点出，就使对方意识到两人其实很“近”。这样，无论对方地位在你之上或你之下，都能较好地形成坦诚相谈的气氛，打通初次见面由于生疏造成的心理上的“防线”。毛泽东同志就常用这种“拉关系”的技巧。他在新中国成立后接见民主人士时，凡是与他有点亲戚关系的，以及通过师生、故友的关系有些瓜葛的，往往是刚一见着面，没出两三句话，他就爽直地和盘托出其间丝丝缕缕的关系，在“我们是一家子”的爽朗笑声中，气氛亲热了许多，使被接见者倍感亲切。

2. 以感谢的方式来加强感情

有一位同学在跟一个高年级学生接触时的头一句话就是："开学时就是你帮我安置床铺的。""是吗？"那个高年级同学惊喜地说。接着两人的话题就打开了，气氛顿时也热烈了许多。那个高年级同学的确帮过许多人，不过开学初人多事杂，他也记不得了。而这个新来的同学则恰到好处地点出了这些，给对方很大的惊喜，也使两人的关系拉近了一层。一般说来，每个人都对自己无意识中给别人很大的帮助感到高兴，见面时若能不失时机地点出，无疑能引起对方的极大兴趣。因此，初次见到曾帮过自己的人时，不妨当面讲出，一方面向对方表示了谢意，另外，这无形中也加深了两人的感情。

3. 从对方的外貌谈起

每个人都对自己的相貌或多或少的感兴趣，恰当地从外貌谈起就是一种很不错的交际方式。有个善于交际的朋友在认识一个不喜言谈的新朋友时，很巧妙地把话题引向这个新朋友的相貌上。"你太像我的一个表兄了，刚才差点把你当作他。你们俩都高个头、白净脸，有一种沉稳之气……穿的衣服也太像了，深蓝色的西服……我真有点分不出你们俩了。""真的？"这个新朋友闪着惊喜的眼神。当然，他们的话匣子都打开了。我们不得不佩服这个朋友谈话的灵活性。他把对方和自己表兄并提，无形中就缩短了两人之间的距离，接着在叙说两人相貌时，又巧妙地给对方以很大的赞扬，因而使这个不喜言谈的新朋友也动了心，愿意与其倾心交谈。

4. 剖析对方的名字来引起对方的兴趣

名字不仅是一种代号，它在很大程度上也含有很深的寓意与寄托。初次见面时能说出对方的名字已经不错了，若再对对方的名字进行恰当的剖析，就更上一层楼。譬如一个叫"建领"的朋友，你可以谐音地称道："高屋建瓴，顺江而下，攻无不克，战无不胜，可谓意味深远呀！"对一位叫"细生"的朋友，可随口吟出"随风潜入夜，润物细无声"，或者用一种算命者的口吻剖析其姓名，引出大富大贵、前途无量之类的话，这也未尝不可。总之，适当地围绕对方的姓名来称道对方，不失为一种好方法。

天下谁人不识君

为人处世不要只知道就事论事，人在一起总会有话可谈，而多谈话、多认识些人总是好的。

建立人际网需要出色的人际交流能力。有些人在人际交流中的影响力是与生俱来的，他们在参加酒会或庆典的时候，只要很短的时间就能和所有人交上朋友。但也有些人并不具备这样的天赋，他们在社交活动中比较内向，宁愿一个人躲在角落里也不愿主动与人交谈。但无论每个人的天性如何，只要勤于思考和联系，都能建立起满足自己需要的人际网。

稳定的人际关系的核心必须由10个左右你所信赖的人组成。这首选的10人可以是你的朋友、家庭成员以及那些在事业上与你联系紧密的人。这些人构成你的影响力内圈，因为他们能为你创造一个发挥特长的空间，而且彼此都是朝一个方向努力。这里不存在勾心斗角，他们不会在背后说东道西，并且会从心底希望对方成功。你与他们的合作会很愉快。

当双方建立了稳固关系后，彼此形成一种强大的凝聚力。他们会激发对方的创造力，并不断从对方身上得到灵感。为什么要将影响力内圈人数限定为10人呢？因为这种牢不可破的关系需要你一个月至少维护一次，所以lO人就足以用尽你所有的时间。

另外，你必须与至少15个人左右组成的后备力量保持一定的联系以作为你10人内圈的补充。假如内圈中有一位退休或移民国外，那15人组成的后备军就派上用场了。其实，只要你每月定期和他们取得联系，可以通过电话、传真、聚会、电子邮件或信件，这个团体的人数都会超过15人。

对方在试图与你建立关系时，总会打听你是做什么的。如果你的回答很一般，比如只是一句“我是某公司的一名经理”，你就失去了与对方继续交流的机会。你可以这样回答对方：“我在某公司负责一个小组的管理工作，主要为我们的网络开发软件。我喜欢骑马，爱好打网球，并且喜爱文学。”这种简单而又不失个性的介绍不仅为你的回答增添了色彩，也为对方提供了不少可以继续的话题，说不定其中就有对方感兴趣的。当他这样表示：“哦，你打网球？我也喜欢”时，你们就建立起了一种最初的关系。

建造关系网络的前提，不是“别人能为我做什么”，而是“我能为别人做什么。”在回答对方的问题时，不妨补上一句“我能为你做些什么？”

多联系是建立关系网络的另一重要条件。

要与关系网络中的每个人保持密切的联系，最好的方式就是创造性地运用你的日程表。记下那些对你的关系至关重要的日子，比如生日或周年庆祝等。在这些特别的日子里准时和他们通话，哪怕只是给他们寄张贺卡，他们也会高兴万分，因为他们知道你心中想着他们。

观察他们在组织中的变化也不容忽视。当你的关系网成员升迁或调到其他的组织去时，你应该衷心地祝贺他们。同时，也把你个人的情况透露给对方。去度假之前，打电话问问他们有什么需要。

当他们处于人生的低谷时，打电话给他们。不论你关系网中谁遇到了麻烦，你都要立即打电话安慰他，并主动提供帮助。这是你支持对方的最好方式。充分地利用你的商务旅行。如果你旅行的地点正好离你的某位关系成员挺近，你可以与他共进午餐或晚餐。

只要是你关系成员的邀请，不论是升职派对，还是他女儿的婚礼，你都要去露露面。

人际关系的往来必须是“经常性”的，接触愈频繁，彼此的交情就愈深厚。因此，绝不可忽略了所谓的“礼尚往来”。

如果有人在私下批评你：“这个家伙，只会在有事情的时候才想到来找我。”那么，你的人际关系成绩就不及格了。长期下来，你是会吃亏的。尤其作为一个办事人员，更不可使意见交流的管道生锈，如此非但阻碍彼此的沟通，也会削弱交涉本身所产生的力量。

万一由于自己的疏忽而发生了这种情形，你要赶紧设法补救，最好的方法就是亲自登门造访。因为时间、地点和情况的有所不便，你可以直接通过电话或书信和对方取得联系，并向对方解释自己疏于联络的原因，以求得对方的谅解。往后，最重要的就是要重拾交情，并继续维持下去。

为了不使好不容易才建立起来的人际关系毁于一旦，你就要不嫌麻烦地勤于打电话、写信以及登门拜访。其实，这些对你来说，都是不费吹灰之力的举手之劳，在彼此信息，及沟通情谊的前提下，你又何乐而不为呢？

每个人都可能成为你的“贵”人

认识的人愈多，发现贵人的机遇就愈。这句话是实实在在的真理。从你所在社会之网中的一个位置上，可以“纵向”，也可以“横向”地与人联系，这样的方面首先有与你工作直接有关的人维持和谐的工作关系，例如和上司、同事、下属、客户保持良好关系，有利于工作的进行。其次，要分清楚关系的性质，有工作关系、朋友关系、伙伴关系等，不要把这些不同的关系混淆，否则，容易公私不分。在单位里，当然以工作关系为首要。再其次，这是一个分工合作的世界。想工作顺利，你需要良好的人际关系，令你更容易得到帮助。没有人不会不碰到困难，有些困难单靠自己解决不了，必须借助于朋友，或贵人的力量，才可完满解决。和别人保持良好关系，在有需要请求别人帮你忙时，你不会感到不好意思，而别人也比较乐意帮助你。

无论如何，你都不要忽略你的朋友，给他以真诚，给他以帮助。多一个朋友也就多一份信任，多一份机遇，多一条道路。你在漫漫的人生旅途中，在求索事业的艰辛历程中，才不显得孤独，才不显得孤立无助。那些轻视友谊、自私自利的人都是很难获得朋友的，特别是获得诚挚忠心的朋友更是难于上青天的。

杰克·伦敦的童年贫穷而不幸。十四岁那年，他借钱买一条小船，开始偷捕牡蛎。没想到潮汐之后被水上巡逻队抓住，罚去做劳工。杰克·伦敦瞅着空子逃出来，从此走上了流浪的道路。两年以后，杰克·伦敦随姐夫一起到阿拉斯加，加入到淘金者的队伍。在淘金者中，他结识了不少的朋友。他的这些朋友中三教九流干什么的都有，而大多数都是美国的劳苦人民。虽然生活困苦，可他们的言行举止中充满了生存的活力。

杰克·伦敦的朋友中有一位叫作坎里南的中年人，他来自芝加哥。他的辛酸历史简直可以写成一部厚厚的书。杰克·伦敦经常与他在月光下的乱石堆里聊天，听着他讲故事，常常不禁潸然泪下。而这更加坚定了杰克·伦敦心中的一个目标：写作，写淘金者的生活。

在坎里南的帮助下，杰克·伦敦利用休息时间看书、学习。1899年，二十三岁的杰克·伦敦写出了处女作《给猎人》，接着又出版了小说集《狼之子》。这些作品都是以淘金工人的辛酸生活为主题的，赢得了广大下层人士的喜爱。

杰克·伦敦渐渐走上了成功的道路，他的著作畅销也给他带来了巨额的财富。

交朋友发现贵人，杰克·伦敦才走向了成功。因此，处在社会联系之网的你、我、他都要不失时机地广交朋友，积极地为自己创造机遇，主动结交朋友，多和陌生人交谈，参加各种聚会，喜欢同人招呼，把自己作为一个“交流场”。这样，你的结交网越大，你发现贵人的可能性就越多。

维克多从父亲的手中接过了一家食品店，这是一家古老的食品店，很早以前就存在而且已出名了。维克多希望它在自己的手中能够发展得更加壮大。

一天晚上，维克多在店里收拾，第二天他将和妻子一起去度假。他准备早早地关上店门，以便做好准备。突然，他看到店门外站着一个年轻人，面黄肌瘦、衣服褴褛、双眼深陷，典型的一个流浪汉。

维克多是个热心肠的人。他走了出去，对那个年轻人说道：“小伙子，有什么需要帮忙的吗？”

年轻人略带腼腆地问道：“这里是维克多食品店吗？”他说话时带着浓重的墨西哥味。

“是的。”

年轻人更加腼腆了，低着头，小声地说道：“我是从墨西哥来找工作的，可是整整两个月了，我仍然没有找到一份合适的工作。我父亲年轻时也来过美国，他告诉我他在你的店里买过东西，嗯，就是这顶帽子。”

维克多看见小伙子的头上果然戴着一顶十分破旧的帽子，那个被污渍弄得模模糊糊的“V”字形符号正是他店的标记。

“我现在没有钱回家了，也好久没有吃过一顿饱饭了。我想……”年轻人继续说道。

维克多知道了眼前站着的人只不过是多年前一个顾客的儿子。但是，他觉得应该帮助这个小伙子。于是，他把小伙子请进了店内，好好地让他饱餐了一顿，他们成了朋友，他还给了小伙子一笔路费，让他回国。

过了几十年，维克多的食品店生意越来越兴旺，在美国开了许多家分店。他是决定向海外扩展，可是由于他海外没有根基，要想从头发展也是很困难的。为此，他一直犹豫不决。正在这时，他突然收到一封从墨西哥来的一封陌生人的信，原来正是多年前他曾经帮助过的那位流浪青年。

此时，那位当年的小伙子已成了墨西哥一家大公司的总经理，他在信中邀请维克多来墨西哥发展，与他共创事业。这对于维克多来说真是喜出望外。有了这位总经理的帮助，维克多很快在墨西哥建立他的连锁店，并迅速发展起来。

广交朋友有益于发现贵人。

第三章

拥有正能量，你的道路一片坦途

拥有正能量，你就是一个乐观的人。在这个世界上，两种不同的态度造就了两种不同的人。消极的态度造就了悲观的人；积极的态度造就了乐观的人。面对生活，悲观的人总是会失望，甚至是绝望；相反，乐观的人却总是在失望中找到最后的一线希望。精神可以击垮厄运，情绪可以支配人生，只要我们选择和酿造豁达乐观、积极向上的情绪，我们就会在人生的旅途中走向快乐，走向成功。

摒弃悲观，你将所向披靡

如果我们曾细心观察过周围的成功人士，我们会发现，他们中大多数人都拥有乐观的秉性，而那些怨天尤人、吹毛求疵的人通常容易陷入平庸无为的沮丧境地。

这并非巧合，在乐观与成功之间，仿佛有自然而然的因果关系存在。

我们相信，乐观对我们事业的成功举足轻重，通常，有志于自主创业的人们在事业之初往往面临否定、疑惑等消极信息，而唯有积极的态度才能开启事业之门，并使之始终充满活力；乐观能促使我们排除疑惑，更加自信；乐观能使我们设定目标，全情投入；乐观能使我们坚持到底，收获丰盛。

诚然，这世界并不总是向我们展示它乐观的一面，也并不是所有人都在积极的环境中成长，我们可能不是天生的乐观，但我们可以学习选择乐观。放弃生活中消极的一面，把握生活中积极的一面，当一切尘埃落定，我们会发现，生活中的阳光总是多过风雨。

一代球王贝利1940年10月12日出生在巴西的特雷斯科拉索内斯镇的一个贫寒家庭，小时只能赤脚踢球。13岁时，他开始代表当地的包鲁俱乐部少年队踢球，使该队连续三年获包鲁市冠军，这位天才少年引起人们注目。1956年，著名的桑托斯队邀其入队，头一年，他就攻入32个球，成为该队最年轻的射手。

1957年，未满17岁的贝利首次入选国家队，并首次参加世界杯赛，他以惊人的技巧驰骋赛场，使足坛惊呼：巴西出现了一位神童！在这位神童的激励下，巴西队愈战愈勇，一一击溃强劲对手，第一次为祖国捧回了世界杯。此后，在贝利的统领下，巴西队又夺得1962年第7届和1970年第9届世界杯赛冠军，贝利本人也成为至今世界上唯一一位夺得过三届世界杯冠军的球员。

贝利是现代足球运动中最出类拔萃的人物，他功勋卓著，成就非凡，一直成为后人追寻的榜样，在其长达22年的职业足球生涯中，共参赛1364场，射入1282球，他赢得过世界杯冠军、洲际俱乐部杯赛冠军、南美解放者标赛冠军，他几乎赢得了国际足坛上的一切成就，被人们誉为“一代球王”。

1977年10月10日，美国宇宙队为球王举行了盛大的告别赛，赛后，贝利在队友和观众的欢呼声中挥泪离场，结束了非凡的绿茵生涯。

他初到巴西最有名气的桑托斯足球队时，他害怕那些大球星瞧不起自己，竟紧张得一夜未眠，他本是球场上的佼佼者，但却无端地怀疑自己，恐惧他人。后来他设法在球场上忘掉自我，专注踢球，保持一种泰然自若的心态，从此便以锐不可挡之势进了一千多个球。球王贝利战胜自卑的过程告诉我们：不要怀疑自己、贬低自己，只要勇往直前，付诸行动，就一定能走向成功。久而久之，就会从紧张、恐惧、自卑当中解脱出来。因此，发愤图强、积极面对是医治自卑的良药。

乐观是人们对事业和前途充满信心的一种精神面貌，是成功者应有的品质。乐观来自何处？乐观来自对生活的强烈的爱。乐观并不是回避困难，乐观是笑对人生的体验。乐观的基础是对人生有美好追求。乐观的大敌是谁呢？是悲观。

一位著名的政治家曾经说过："要想征服世界，首先要征服自己的悲观。"在人生中，悲观的情绪笼罩着生命中的各个阶段。战胜悲观的情绪，用开朗、乐观的情绪支配自己的生命，你就会发现生活有趣得多。悲观是一个幽灵，能征服自己的悲观情绪便能征服世界上的一切困难之事。人生中悲观的情绪不可能没有，要紧的是击败它、征服它。人生在世不如意事十之八九，这是一种客观规律，它不以人的意志为转移。倘若把不如意的事情看成是自己构想的一篇小说或是一场戏剧，自己就是那部作品中的一个主角，心情就会变好许多。如果一味地沉入不如意的忧愁中，只能使不如意变得更不如意。"去留无意，闲看庭前花开花落；宠辱不惊，漫随天际云卷云舒。"既然悲观于事无补，那我们何不用乐观的态度来看待人生，守住乐观的心境呢？

用乐观的态度看待人生，可看到"青草池边处处花""百鸟枝头唱春山"，用悲观的态度看待人生，举目只是"黄梅时节家家雨"，低眉即听"风过芭蕉雨滴残"。譬如打开窗户看夜空，有的人看到的是星光璀璨，夜空明媚；有的人看到的是黑暗一片。一个心态正常的人可在茫茫的夜空中读出星光的灿烂，增强自己对生活的自信；一个心态不正常的人让黑暗埋葬了自己且越葬越深。

用乐观的态度对待人生就要微笑着对待生活，微笑是击败悲观的最有力武器。无论面对怎样的困境，都不要忘记微笑着看待一切。微笑着，生命才能征服纷至沓来的厄运；微笑着，生命才能将有利于自己的局面一点点地打开。

精神振奋，厄运也会向你低头

在这个世界上，每个人的性格千差万别，情感也是千姿百态，胆大或胆小，内向或外向，乐观或悲观，自信或自卑，它们并不单单取决于所谓的遗传基因，更多的在于后天的陶冶和磨炼。

根据心理学家的调查表明，至少75%以上的成年人都认为自己的一系列情感，如愤怒、兴奋、快乐、埋怨、恐惧都是自然形成的，是无法选择和控制的。于是，他们便听天由命，任由感情摆布。这正好说明大部分人的情感和性格是由外界的环境等因素所掌控的。事实上，我们不但能够磨炼自己的性格，也可以选择自己的情感，只要我们用远大的目光去认识和看待我们生存的这个世界，用顽强的毅力去改造我们周围的环境，用豁达的心情去认知和感悟我们的一切遭遇，我们就一定能够清除自己心理上的障碍和阴影。

生活中许多的烦心、哀愁和不如意常常都是“自寻烦恼”“庸人自扰”的结果。有些看起来复杂的事情其实根本不重要，只是我们对生活的理解不够豁达宽容，而使某个问题成了一条捆绑生命活力的锁链。

精神可以击垮厄运，情绪可以支配人生。只要我们选择和酿造豁达乐观、积极向上的情绪，我们就会在人生的旅途中走向快乐、走向成功。

当一个人能从心里对自己的生命充满感激时，他所散发出来的魅力能让世间所有的人感动。

有一个伟人曾说：“当鞋合脚时，脚便被忘却了。”太多的时候，我们的生命处于被遗忘的状态。太刻意于外在的东西，内在的宝贵便淡化了。事实上，在上天赐予我们生命的时候，也赋予了我们快乐的能力。人之所以痛苦的根源在于人在心灵上的难以满足，对生命有太多的不满和抱怨，唯独少了一份感谢，快乐也因此与他们无缘。

有一个人每天都很苦恼。有一天，他黄昏经过一座小桥，看见了一个木推车，车上有一个又丑又胖的女人，那女人坐在车子上，怀里搂着她儿子（肯定是她儿子，因为小男孩那副丑相简直就是那女人的翻版），周围还有破箱子、破麻袋、草席、水桶、饼干盒、汽车轮等，她被大包小包、前呼后拥地围着。

那男人（想必是她丈夫）龇牙咧嘴地推着车子，黄褐色的头发湿淋淋地贴在尖尖的头颅上，打着赤膊，夕阳下的皮肤红得发亮，半长不短的裤子松垮垮地吊在屁股上。男人推木推车上桥时，他的裤子掉了下来，露出半个屁股。

男人都快累死了，那胖女人坐得心安理得，还悠哉游哉地吃着雪糕呢！又黑又亮又结实得像铁棍似的手臂里的小男孩，时不时地把母亲拿着雪糕的手抓过去咬一口，母子两人在木推车上争着吃，脸上尽是笑，女人笑得眼睛更小、鼻更塌、嘴巴更大。脸上可能搽了粉，黑不黑，白不白，有点灰，有点青，粗硬的头发让风吹得在头顶纠成一团，而后面那瘦男人看得那么开心。

突然，不知怎么回事，木推车不听话地直往桥头一棵椰子树冲去，男人直着脖子拼命拉，裤子都快掉下来了，木推车还是向椰子树一头撞去，女人手中的碎冰草莓撒了她跟小男孩一头一脸。谁知那男人一手丢了木推车，望着车上的母子俩大笑，女人一边抹去脸上的草莓，一边咒骂，一边跟着笑。

看着这一家三口笑得死去活来，这个烦恼的人也放怀跟着他们恣意地大笑一场。

是啊，管什么男的讲风度，女的讲气质，什么人生的理想，生活的目标，什么经济不景气，借人家一百万会不会给逼债？这家三口，男人的黄发和木推车以及车上的蛤蜊和黑白仔告诉我们，他是捕鱼郎，女人大概是摆地摊的小贩，每天快快乐乐地出海摸摸蛤蜊，快快乐乐地赶集摆地摊，然后跟着夕阳回家。

丑成那样，穷成那样，又有什么关系呢？

杰米·杜兰特是20世纪的伟大艺人之一。他曾被邀参加一场慰问第二次世界大战退伍军人的演讲，但他告诉邀请单位自己的行程很紧，连几分钟也抽不出来，不过假如让他做一段独白，然后马上离开赶赴另一场演讲的话，他愿意参加，安排演讲的负责人欣然同意。

当杰米走到台上，有趣的事发生了。他做完了独白，并没有立刻离开，掌声愈来愈响，他没有离去。他连续演讲了15分钟、20分钟、30分钟，最后，终于鞠躬下台，后台的人拦住他问道："我以为你只讲几分钟哩！怎么回事？"杰米回答："我本打算离开，但我可以让你明白我为何留下，你自己看看第一排的观众便会明白。"

第一排坐着两个士兵，两人均在战争中失去一只手。一个人失去左手，另一个则失去右手。他们正在一起鼓掌，而且拍得又开心，又响亮。

不知大家读完这两则故事时是否和我们一样有一种心灵上的震撼。无论是失去了手的士兵，还是那对又穷又丑的夫妇，他们身上都体现了一种对自己的热爱以及对生命的珍惜。这都来自于他们对生命的感激。

那么，如果我们还活着，如果我们还不是特别的穷困潦倒，如果我们还有健全的四肢，我们有什么理由不对生命充满感激呢？

人生快乐也是一辈子，痛苦也是一辈子，那我们为什么不让自己活得快乐和乐观一点呢？

生活中，人总是在追求最大的幸福，大部分人误以为金钱是幸福的象征。也许我们正羡慕着别人的洋房、洋车以及手里大把大把的钞票。但太多的例子证明，钱并不能使人感到最大程度的幸福。我们可以用钱买来舒适的床铺，但买不来良好的睡眠；我们可以用钱买来高档的化妆品，但我们买不来美丽；我们可以用钱买来漂亮的房子，但我们买不来幸福的家；我们可以用钱买来昂贵的保健品，但买不来健康。

因此，我们无法用金钱买来幸福，幸福不是写在我们脸上的，而是自己从心底感觉到的。

有人曾说过："人之所以幸福，是他的心灵感到幸福。"幸福其实很简单：它是家庭餐桌上的欢声笑语；是我们生病时，亲友一句亲切的问候和祝福；是花前月下情人的牵手漫步；是和心爱的人白头到老。

幸福是一种感觉，它就藏匿在我们生活的空间中，是生活点点滴滴的汇聚。因此，每个人如果都知道乐观积极的态度可以使我们拥有幸福、希望、勇气和力量的话，就应该努力获取我们真正想要得到的东西。

人生是短暂的，如烟花般的短暂炫目，转瞬即逝。快快乐乐是一辈子，愁眉苦脸的生活也要我们慢慢走过，那我们为什么不让自己活得轻松而又快乐呢？

敞开心扉，学着享受生活

面对困难时，人一般有两种反应：一种是很在乎，一种是不在乎。心理素质好的人不会把倒霉当作什么事儿，可心理素质稍微差一些的人就不同了。他们认为上天不公，于是怨天尤人，甚至心怀怨恨，于是，热情的人也会变得冷漠，善良慈爱的人也会开始生恨。

于是在陌生人问路时，他不会动动嘴，而是不理不睬或者故意指错方向；马路上有人丢了东西，他看在眼里，绝不会喊人家一下；散步时踩到一块石子，不是踢到路边去，而是踢到路中间；单位来了新同事，没有给他一个微笑，而是冷眼欺生。有人遇到倒霉事，他更加不会安慰几句，而是站在一旁幸灾乐祸；有人做了好事，他也不满，全是一股嫉妒之心等。

向善，多一点生活的善意，是一种生活的选择，也是一种人生的境界。我们日积月累的是阳光，生活自然会充满灿烂。

人生如浩瀚神秘的大海，时而风平浪静，一碧万顷；时而狂飚怒号，浊浪裂岸。

人生如变幻莫测的天空，瞬息阳光挥洒，白云悠扬，彩虹飞架；瞬息乌云密布，电闪雷鸣，狂风暴雨。

人生如一支优美动听的乐曲，一段高昂激荡，震天动地，促人警醒；一段浑厚低沉，婉转回肠，催人泪下。

人生如四季，春天鸟语花香，生机勃勃；夏天水清叶绿，骄阳似火；秋天金黄灿烂，馨香浓郁；冬天银妆素裹，深沉睿智。

人生有喜有悲、有聚有散、有乐有苦、有得有失、有沉有浮、有爱有恨、有生有死。

为人夫者有丈夫的甜蜜和苦衷，为人妻者有妻子的幸福和辛酸。做父母的有父母的欣慰和艰辛，做儿女的有儿女的骄傲和屈憾。从政者有官场上的得意和危机，经商者有商海的亨运和风险，农耕者有田园的安逸和艰难，治学者有纸墨的雅趣和清贫。

人生得意时，不可欣喜若狂，目空一切；人生失意时，切忌长吁短叹，自暴自弃。人生得意时，要珍惜生活，清醒头脑，不管别人阿谀奉承还是献媚恭维；人生失意时，要热爱生活，振作精神，不管别人指手画脚还是冷嘲热讽。

也许一个梦难圆，一个理想未能实现。来一次开怀畅饮、对月长歌又何妨？

笑对人生——相信生活不会亏待每一位热爱她的人。

生命的航船难免会遇到险滩恶浪，如何驾驶生命的小舟，让它乘风破浪，驶向成功的彼岸？这需要我们的勇气，不管风吹浪打，都要胜似闲庭信步，以百折不挠的意志去面对困难，以一种平常心去面对挫折，自信“天生我材必有用”，相信我们会从“山穷水尽疑无路”峰回路转至“柳暗花明又一村”的境地，迎接我们的必将是山巅的无限风光。人生难免有起伏，没有经历过失败的人生不是完整的人生。没有河床的冲刷，便没有钻石的璀璨；没有地壳的底蕴，便没有金子的辉煌；没有挫折的考验，也便没有不屈的人格。正因为有挫折，才有勇士与懦夫之分，愿我们都能做不屈的勇士。记住“天将降大任于斯人也，必先苦其心志，劳其筋骨，饿其体肤，空乏其身，行拂乱其所为，所以动心忍性，增益其所不能”。这便是磨难、逆境塑造人！人的一生需要奋斗，唯有奋斗，才有成功！幸运的花环只属于那些做好了特殊准备的人。在奋斗中寻找乐趣，与天奋斗，其乐无穷。当我们播洒的汗水结出丰硕的果实，我们必然会体会到成功的欣喜，从而树立自信，更加坚定地奋斗不息。

勉励自己关怀社会，有太多事情需要我们出手帮忙。很多人对人不尊重，对事不负责，对自己不要求，对物不珍惜，对神不感恩，遇到挫折情绪就翻腾——这是拿情绪惩罚自己，拿错误惩罚别人。告诉自己，挫折只是一件事，不能占据我们的心，否则就是把快乐拒于门外；满心的快乐，挫折就进不来。

一张笑脸、一个真挚的眼神、一句知心的话，都会给处于困境中的人以莫大慰藉，以融化他们心中的坚冰，鼓起生活的希望，增强生活的信心，让漂泊在黑暗之中的心灵小舟找到停泊点，敞开我们的心扉，微笑面对生活，用一颗心去拥抱生活。

换个角度，不一样的风景等着你

在困境中，人们往往看不清楚方向，正所谓“云深不知处”，这时，保持积极向上的心态更为重要。

就像这样的情况：烈日、沙漠，两个人艰难地走着。一个人沮丧地说：“完了，我们只有半瓶水了。”另一个却很高兴，叫道：“太好了，我们还有半瓶水啊！”

换个角度看问题会使我们得到满足，会使我们拥有快乐，会使我们……世界只有一个，换个角度看，我们就会发现美好的、与众不同的第二个世界。

杰里是美国一家餐厅的经理，他总是有好心情，当别人问他最近过得如何，他总是有好消息可以说。当他换工作的时候，许多服务生都跟着他从这家餐厅换到另一家，为什么呢？因为杰里是个天生的激励者，如果有某位员工今天运气不好，杰里总是适时地告诉那位员工往好的方面想。

这样的情境真的让人很好奇，所以有一天，有人问杰里："很少有人能够老是像你那样地积极乐观，你是怎么办到的？"

杰里回答："每天早上我起来告诉自己，我今天有两种选择，我可以选择好心情或者我可以选择坏心情，我总是选择有好心情。即使有不好的事发生，我可以选择做个受害者或是选择从中学习，我总是选择从中学习。每当有人跑来跟我抱怨，我可以选择接受抱怨或者指出生命的光明面。我总是选择生命的光明面。"

"但并不是每件事都那么容易啊！"那人抗议道。

"的确如此。"杰里说，"生命就是一连串的选择，每个状况都是一个选择，你选择如何响应，你选择人们如何影响你的心情，你选择处于好心情或是坏心情，你选择如何过你的生活。"

数年后，杰里意外地做了一件人们绝对想不到的事：

有一天，他忘记关上餐厅的后门，结果早上三个武装歹徒闯入抢劫，他们要挟杰里打开保险箱，由于过度紧张，杰里弄错了一个号码，造成抢匪的惊慌，开枪射击杰里。幸运地，杰里很快地被邻居发现并紧急送到医院抢救，经过18个小时的外科手术以及精心照顾，杰里终于出院了，还有颗子弹留在他身上。

事件发生6个月之后，杰里的朋友遇到杰里，问他最近怎么样，他回答："我很幸运了，要看看我的伤痕吗？"

朋友婉拒了，但问杰里当抢匪闯入的时候，他的心路历程。

杰里答道："我第一件想到的事情是我应该锁后门的，当他们击中我之后，我躺在地板上，还记得我有两个选择：'我可以选择生，或选择死。我选择活下去。'"

"你不害怕吗？"朋友问他。

杰里继续说："医护人员真了不起，他们一直告诉我没事，放心。但是在他们将我推入紧急手术间的路上，我看到医生跟护士脸上忧虑的神情，我真的被吓着了，他们的脸好像写着‘他已经是个死人了’，我知道我需要采取行动。”

“当时你做了什么？”朋友问。

杰里说：“嗯！当时有个高大的护士用吼叫的音量问我一个问题。她问我是否会对什么东西过敏。我回答‘有’。”

“这时，医生跟护士都停下来等待我的回答。”

“我深深地吸了一口气喊着：‘子弹！’”

“这时，医生和护士都在笑，脸上的忧虑神情都渐渐消失了，听他们笑完之后，我告诉他们：‘我现在选择活下去，请把我当作一个活生生的人来开刀，而不是一个活死人。’”

杰里能活下去当然要归功于医生的精湛医术，但同时也由于他令人惊异的态度。我们从他身上能够学到，每天我们都能选择享受我们的生命或是憎恨它。真正属于我们的权利——没有人能够控制或夺去的东西——就是我们的态度。如果我们能时时注意这个事实，我们生命中的其他事情都会变得容易许多。

换个角度看世界，世界真的会不同。积极的心态很重要，它促使我们在面对矛盾和困难的时候可以平和地看待。事情都是有正反面的，我们只有摆正心态，才能透过现象看本质，才能险中求胜！

转变态度，不幸也会成为万幸

有一个人，他觉得自己从小到大都是一名失败者，失败永远陪伴在他的身边，因此他从来都不快乐。他感到上天的不公平，于是，他决定去寻找上帝，询问上帝快乐是什么。这个人翻山越岭，来到河边，见到一位老翁，就走过去问：“老人家，快乐是什么？”那位老人回答他：“快乐就是每天都能钓到鱼，那就是快乐。”这位年轻人继续他的旅途，他渡过了河，来到了森林中，遇见一个正在赶路的中年男人，就问他：“快乐是什么？”那个中年男人回答他：“快乐就是每天都能捕获野兽。”

有一位住在佛罗里达州的快乐农场主，他曾创造了一个商业上的奇迹。在他当初买下那块农场时，那里土地贫瘠，各种果树都不适合种植，甚至连养猪也不适宜。除了一些矮灌木与响尾蛇，什么都难以生存，他几乎看不出这块土地还有什么用途。因此一开始，他的心情十分低落。后来他想到个好主意，他决定再投资，开发利用这些响尾蛇资源。于是他不顾大家的反对，他开始把响尾蛇肉加工成罐头。而且，旅游资源也成了他的又一生财之道，每年有平均两万名游客到他的响尾蛇农庄来参观。游客到这里亲眼目睹毒液被抽出后送往实验室制作血清，蛇皮被他高价售给制鞋工厂生产女鞋与皮包，蛇肉罐头则运往世界各地。连当地邮戳都盖着“佛罗里达州响尾蛇村”，可见当地人都以这位把毒蛇做成当地特色产业的农场主为荣。

快乐的人生态度，总能使人把不幸化为一种机会。哈里·爱默生·佛斯狄克曾语重心长地说：“真正的快乐不一定是愉悦的，它多半是一种思想上的胜利。”没错，快乐源自一种成就感。一种自我超越的胜利，一种将酸柠檬榨成柠檬汁的经历。

每天清晨都告诉自己：生活如此美好，我感到很快乐。懂得为自己歌唱、为生活歌唱、为生命歌唱的人，快乐就会紧紧相随。当我们快乐时，周围的人受到我们的感染，也乐得心情舒爽、开朗，自然喜欢与我们亲近。

找寻快乐，你才能快乐生活

有一位老师教小学生写作文，题目是：“快乐是什么？”一个小女孩写道：“快乐就是在寒冷的夜晚钻进厚厚的被子里。快乐就是让自己快乐。”是的，快乐就是让自己快乐。

人是需要享受生命的。无论我们多忙，我们总有时间选择两件事：快乐还是不快乐。早上起床的时候，也许我们自己还不晓得，不过我们的确已选择了让自己快乐还是不快乐。

历史学家维尔·杜兰特希望在知识中寻找快乐，却只找到幻灭；他在旅行中寻找快乐，却只找到疲倦；他在财富中寻找快乐，却只找到纷乱忧虑；他在写作中寻找快乐，却只找到身心疲惫。有一天他看见一个女人坐在车里等人，怀中拖着一个熟睡的婴儿。一个男人从火车上走下来。走到那对母子身边，温柔地亲吻女人和她怀中的婴儿，并小心翼翼地不敢惊醒孩子。这一家人开车走后，杜兰特深思地望着他们离去的方向。他猛然惊觉，原来日常生活的一点一滴都蕴藏着快乐。

相爱的托尼和欧莱娅组建了自己的小家。但是他们生活比较贫困，为了让欧莱娅过上幸福美好的生活，托尼不得不在新婚不久就忍痛离开家，去很远的地方谋生，欧莱娅答应托尼在家安心等他回来。

托尼在老板那工作15年后，临行时老板没给他发工资，而是给了他三条忠告和三块面包。

这三条忠告是：第一条，人生永远没有捷径可走。便捷的道路可能使你命丧黄泉；第二条，永远别对可能是坏事的事情生好奇之心，好奇心也可能要了你的命；第三条，永远别在自己痛苦的时候做出决定，那样会后悔的。

老板给托尼的三块面包，两个让他路上吃，另一个等他回家后和妻子一起吃。

在远离自己深爱的妻子和家乡15年后，托尼踏上了回家的路。

一天后，他遇到了一个人，那人说："你要走30多天的路，这条路太远了，我知道有一条小路，几天就可以到了。正当托尼准备走小路的时候，突然想起了老板的忠告。于是他没选择走小路。后来得知那个人让他走的所谓的小路只是一个圈套而已。

几天后，他走累了，发现路边有家旅馆，他打算住一夜，交房钱后躺下睡了。睡梦中，他被一声惨叫惊醒了。他觉得奇怪，就跳了起来，想去门口看看发生了什么事，刚走到门口，又想起老板的忠告，于是没有去看，回到床上睡觉了。

第二天，店主对他说："您是第一个活着从这里出去的客人。我的独子犯疯病。他昨晚大叫着引客人出来，然后把他们杀死了。"托尼感到很恐怖，也很庆幸。

他接着赶路，终于在一天的黄昏，他看见了自己的小屋，还依稀看见他想念的妻子。虽然天色有些暗，但他仍然能看清妻子不是一个人，还有一个男子和她在一起，而且两人还很亲密。看到这一幕，他很生气，真想跑过去杀了他们，这时他又想起老板的忠告，于是没过去。决定在原地露宿一晚，第二天再做决定。

天亮了，已恢复冷静的他对自己说："我不找我变心的妻子了，我还是远走吧。但我要告诉我妻子我始终忠于她，想着她。"

托尼走到家门口，敲了敲门，是妻子欧莱娅开的门，欧莱娅认出了丈夫，扑到他怀里，紧紧地抱住他。随后让儿子见过父亲。原来，托尼走的时候，欧莱娅刚刚怀孕，现在儿子已经15岁了，个子长得很高。托尼有说不尽的欢喜。

接着，一家人坐下来一起吃面包，他把老板送的让他和妻子一起吃的那块面包掰开，发现里面有一笔钱——那是老板给他的工钱。

可以看出，故事中主人公托尼的欣喜与快乐并不是与金钱相关的。快乐是来自内心，而不是存在于外在。

生活就要让自己快乐，日常生活的一点一滴都蕴藏着快乐。

寻找快乐是生命的本能，也是生活的技巧，当感觉自己快乐时，快乐就会陪着我们，而我们觉得不快乐时，快乐就会远离我们。活得精彩也许不容易，但是要活得快乐相对容易多了，其实快乐的人生已经是精彩的人生。

忘记忧愁，美丽就会来找你

生活如同一面镜子，我们对它笑，它就对我们笑；我们对它哭，它也以哭脸相示。持有什么样的心态也就决定我们拥有什么样的人生结局。

悲观主义者说："人活着，就有问题，就要受苦；有了问题，就有可能陷入不幸。"即使一点点的挫折，他们也会千种愁绪，万般痛苦，认为自己是天下最苦命的人。一如英国哲学家罗素所形容的"不幸的人总自傲着自己是不幸的"。悲观主义者把不幸、痛苦、悲伤做成一间屋子，然后请自己钻进去，并大声对外界喊着："我是最不幸的人。"因为自感不幸，他们内心便失去了宁静，于是不平、羡慕、嫉妒、虚荣、自卑等悲观消极的情绪应运而生。是他们自己抛弃了快乐与幸福，是他们自己一叶障目，视快乐与幸福而不见。

乐观主义者说："人活着，就有希望；有了希望就能获得幸福。"他们能从平淡无奇的生活中品尝到甘甜，因而快乐如清泉，时刻滋润着他们的心田。

其实，任何事物本身都没有快乐和痛苦之分，快乐和痛苦是我们对它的感受，是我们赋予它的特征。同一件事情，从不同角度去看待，就会有不同的感受。一个人快乐与否，不在于他处于何种境地，而在于他是否持有一颗乐观的心。

不过，“乐观”两个字说起来很简单，但做起来并不是那么容易的。首先，我们必须要学会在逆境中发现光明。一位母亲告诉他的儿子，天真的很黑的时候，星星就要出现了。

如果保持开朗的心境不那么容易做到，你就和乐观的人交朋友吧，他们积极向上的人生态度会感染我们，使我们在不知不觉中变得开朗了。

我们要重新学会如何感动、如何爱别人，如何不去计较那些反面的事情，这样我们的每一天都可以是一个崭新的开始，充满了光明和希望。

要记住，人们都喜欢和乐观的人在一起合作。

逃离忧虑的魔掌，树立健康快乐的形象，这是成功人生的第一步！

担忧使许多人无法履行自己的义务，因为这消耗他们的精力，损害和破坏他们的创造力；而乐观则使人免于担忧，并能使他将自己的才能和创造力发挥到极致。

深受忧虑之害的人是无法充分发挥其应有才能的。如果处境困难，他就会束手无策。如果焦虑不安，他只会使自己无法做到最好。无论我们需要什么，首先要把乐观放在前头。不要问怎么办、为什么或什么时候，我们只要全力以赴。一定要有希望和信念，这是指引我们成功所必需的。

一位以美丽著称的女演员曾经说过：“想变漂亮一些的人绝对不可以忧虑。忧虑意味着所有美丽的毁灭、消亡和破坏，意味着丧失活力，无精打采，意味着多愁善感，意味着无休无止的灾难。不要介意发生的事情，一个女演员绝对不可以忧虑。一旦她懂得这一点，那她就已经驶进了那条保持美丽容颜的高速公路的入口。”

如果一个老是忧虑重重的人能看到一幅他从不担忧时的画像该多好啊！如果他置身于另一幅自己忧虑重重时的画像旁，又该是一件多么令他震惊的事情啊！他忧虑重重时的模样看上去就像未老先衰，满脸都充满了恐惧和焦虑的皱纹，充满了极度沮丧和了无生气的表情。这幅画中的他似乎要比那幅快乐画像中的他苍老许多，在那幅显出快乐的画像中，他是那样的朝气蓬勃、充满乐观和满怀希望。

对于一件事情的看法，人们会因切入的角度不同而产生不一样的想法。一个忧虑的人，事事都往坏处想，于是愁眉苦脸、愤世嫉俗，但他这样也不过是亲者痛、仇者快，苦了自己。除此之外，他的生活情绪也一定会大受影响，还会连带影响他人。而反观乐观的人，他们会想办法在逆境中培养积极的情绪，用幽默的眼光看待不愉快的事情，最后反败为胜。

悲观走了，乐观还会远吗？

上苍如果对我们关上了一扇门，它会给我们打开另外一扇门，至少还可以为我们留一扇窗户。

在这个世界上，两种不同的人造就了两种不同的态度。悲观的人，决定了消极的态度；乐观的人，则决定了积极的态度。面对生活，悲观的人总是看到失望，甚至是绝望；相反，乐观的人却总是在失望中找到最后的一线希望。下面这个故事可以帮助我们更加明晰悲观和乐观的意义：

一位父亲欲对孪生兄弟做“性格改造”。一天，他买了许多色泽鲜艳的玩具给一个孩子，又把另一个孩子送进了一间堆满马粪的车库里。

第二天清晨，父亲看到得到玩具的孩子正泣不成声，便问：“为什么不玩那些新玩具呢？”

“玩了就会坏的。”孩子仍在哭泣。

父亲叹了口气，走进车库，却发现那个被关在屋里的孩子正兴高采烈地在马粪里掏东西。“告诉你，爸爸，”那孩子得意洋洋地向父亲宣称，“我想马粪堆里一定还藏着一匹小马呢！”

事实上，人所处的环境和自身的遭遇无所谓好坏，问题的关键在于我们如何去想。悲观的人和乐观的人的差别恰恰在于对待事情不同的看法上。假如在我们如饥似渴的时候，看到了半杯水，那么我们是选择为自己拥有半杯水而庆幸呢，还是不停地抱怨，怎么不是一杯或一桶水呢？

一位心理学家曾经做过一个试验，他让一批学生打电话给陌生人，让他们为某赈灾机构捐款。当他们打了一两次电话而毫无结果的时候，悲观的学生说："我干不了这事。"乐观学生则说："我要换个法儿去试试。"这位心理学家认为：如果感到失望，那他就不会去掌握获得成功所必需的技能。

乐观者之所以成功是因为当事情一旦出差错时，他们总是尽力寻找出差错的原因，及时补救。在他们看来，成功应归功于自己的努力。而悲观者则是一味地抱怨、责备自己，为什么会出差错，他们把自己的成功视为一种侥幸。悲观是事业成功道路上的有害细菌，它会不断地繁殖扩散，把人的心灵笼罩在阴影之下，使人失去了进取的动力。而乐观则如同明朗天空中的阳光，给人以无穷无尽的斗志和勇气。因此，一定要做一个乐观的人，不要让悲观占据我们的心灵。

当我们偶尔对人生失望，对自己过分关心的时候，我们也会沮丧，也会悄悄地怨几句老天爷，可是一想起自己已经有的一切，便马上纠正自己的心情，不再怨叹，高高兴兴地活下去。不但如此，我们也应该把快乐当成一种传染病，每天将它感染给自己所接触的社会和人群。

播种希望，你才能收获成功

我们要坚信：生活丢给了我们一个问题，它必然会同时给我们一个解决问题的办法。

生活中我们不必总是企求万事如意、好运连连，要知道，生活就如同善变的天气一样，你无法预知会发生什么，随时都会狂风大作，暴雨不断。生活中无论什么击倒了我们，我们必须能重新整理自己，像一个坚强的勇者，跌倒了再爬起来，去迎接新的挑战。

困难中往往孕育了一种叫希望的东西。

琼斯是一个农民，在美国威斯康星州福特·亚特金逊附近经营一个小农场。他身体很健康，工作也很努力。农场并没有让他发财，但日子还过得下去。可是，有一天，突然间发生了一件事情，使琼斯一下子陷入了困境。琼斯患了全身麻痹症，卧床不起，几乎失去了生活能力。他的亲戚们都确信：他将永远成为一个失去希望、失去幸福的病人。他可能再不会有什么作为了。然而，琼斯确实有了作为。他的作为给他带来了幸福，这种幸福是随他事业的成功和经济的成就而来的。

琼斯用什么方法创造了这种变化呢？他应用了“积极心态”的办法。是的，他的身体是麻痹了，但是他的心理并未受到影响。他能思考，他确实在思考，在计划。有一天他做出了自己的计划。

琼斯积极的心态使他满怀希望，怀抱乐观精神和愉快情绪，把创造性的思考变为现实。他要成为有用的人，他要供养他的家庭，而不要成为家庭的负担。

他把他的计划讲给家人听。“我再不能劳动了，”他说，“如果你们愿意的话，你们每个人都可以代替我的手、足和身体。让我们把农场每一块可耕的地都种上玉米，然后我们养猪，用所收的玉米喂猪。当我们的猪还幼小肉嫩时，我们把它宰掉，做成香肠，然后把香肠包装起来，注册一种商标出售。我们可以在全国各地的零售店出售这种香肠。”他接着说道，“这种香肠可以像热糕点一样出售。”

这种香肠确实像热糕点一样出售了！几年后，名为“琼斯仔猪香肠”的食品竟成了家庭的必备食品，成了最能引起人们食欲的一种食品。

人生不是一帆风顺的，挫折和失败都会不期而至，幸运和厄运同样令人刻骨铭心、难以忘怀。不论我们面临什么，都不要得意忘形或悲观绝望。有些人之所以事业有成，是因为他们在挫折面前没有放弃，而是另辟蹊径，从而走向成功。

琼斯的身体瘫痪了，可他的意志却丝毫没受影响，并且乐观地对待残酷的现实。他利用自己的大脑，然后借用别人的手，依然干出了自己的一番事业。

我们一定要学会在生活的困境中仍充满希望，这是成功者和失败者的一个基本的区别，成功者永远不会失去希望，他只会坚持不懈地寻求更多的方法把事情做成。

人生短暂，苦尽才能甘来，然后是平淡、洒脱的人生。只有经历了挫折的重重考验后，我们才不会轻易地屈服于失败。直视人生的挫折和压力吧，因为它会让我们更加坚强。

学会微笑，困境其实也没啥

我们生活中所遇到的每个问题都会在某个时间，由某个人，用某种方法给予解答的。

在这个科技不断发展、竞争白热化的时代，我们每个人随时都将面临被淘汰的局面。经济危机、就业危机使我们中的一部分人陷入了无限的焦虑，甚至是恐惧，这种情绪对我们的心理施加了压力，进而导致了我们悲观绝望的心态。我们应当努力克服它，学会在黑暗中寻找光明。

生活中失败和挫折是难免的，问题的关键是当挫折和失败来临时，我们应该仔细地分析它，进而得到解决问题的方法。千万不要放大挫折，它未必是我们想象得那么糟，更不要把失败归结于命运，认为所有的挫折都是冥冥之中注定的。这样的话，在困难面前，我们会失去主动权而变得尤为被动。

在美国的一个小镇，有一位在市场上卖香蕉的小贩，由于他人缘特别好，再加上他所卖的香蕉品质上乘，所以生意一直非常好。有一天，在市场的一个角落突然冒出了火苗，并四处燃烧起来，还好，消防车来得快，很快地把火扑灭了，所以火苗并没有烧到这位卖香蕉小贩的摊位。但是，由于温度过高，隔了没多久，那些香蕉的表皮上全都长满了一些黑色的小斑点，虽然肉质并没有变坏，但是看起来总是不雅，谁还会买来吃呢?

小贩眼看着就要亏本，心中十分懊恼，问题既然发生了，总是要解决的，他相信一定会有办法，所以就趁市场重新整修之际，他换了个地方继续卖香蕉，而原来那批有黑点的香蕉他想了一个法子来促销，结果竟然还销售一空了。

原来，当他一筹莫展望着香蕉的时候，突然灵感闪现，他想香蕉上长满了黑色小斑点，远远看去就好像芝麻撒在香蕉上一样，既然如此，为什么不给它取个“芝麻蕉”的新名称，结果引起了大家的好奇，大家相信这种香蕉一定是更香更甜，味更美，所以争相购买，成了畅销品。

通过这个故事，我们是否悟出这样一个道理：当我们在困境中如果能保持乐观的想法，那么，我们终究会获得解决困境的方法。如果我们只盯着不好的局面，让困惑笼罩，我们的问题不但不会得到解决，反而会更加恶化。当我们为没有鞋穿而苦恼时，有人已失去了脚，当我们为没有脚而痛苦时，也许有人连生命都失去了。

切记：凡事往好处想。

常在商店中见到一尊佛像，但这尊佛像与其他的佛像大异其趣。他光着大肚皮坐卧于地，咧嘴露牙地捧腹大笑，看起来特别具有亲和力及喜悦感。他便是“大肚能容，了却人间多少事；满腔欢喜，笑开天下古今愁”的弥勒佛。

弥勒佛之所以令人敬服的特质，就在于他的“豁达大度”。一件事有许多角度，如有好的一面，亦有坏的一面，有乐观的一面，亦有悲观的一面。就好比一个碗缺了个角，乍看之下，好似不能再用；若肯转个角度来看，我们将发现，那个碗的其他地方都是好的，还是可以用的。若凡事皆能往好的、乐观的方向看，必将会希望无穷；反之，一味地往坏的、悲观的方向看，定觉兴致索然。

一个小女孩只有3岁，晚餐时，每每执着汤匙要“自己来”，但次次皆被母亲夺走，而母亲通常的回答是：“你还不会。”当有朋友造访她们家时，小女孩竟然说：“你帮我。”由此可见，孩子的热情被一而再、再而三地浇灭后，便容易产生依赖性。久而久之，将变成一个怕做错事而受嘲骂、缺乏自信的人，等到将来长大，自然会畏畏缩缩，没有勇气尝试突破困境。

凡事往好的方面想，自然会心胸宽大，也较能容纳别人的意见。宽大的心胸不但可以使人由别的角度去看事情，更能使自己过上悠然自得的日子。

有一回，释尊的一位大弟子被一位婆罗门侮辱，但他对于婆罗门的辱骂只是充耳不闻，未予理会。因为他知道，一个会以辱骂别人来凸显自己的人，在个人的修养和品行上都有问题。婆罗门见到他无端地被自己辱骂，不但没有生气，且微笑着答辩，真不愧是圣者，终于自知理亏忿忿地离开了。

我们应该效法弥勒佛笑口常开的个性，并学习他用积极开朗的态度去解决一切问题。在这充满争斗的繁华世界之中，唯有以最自然无争的态度，并处处流露服务他人的意念，才能散发人性至真、至善、至美的光明面。

西谚道：“当你笑时，全世界都跟着你笑；当你哭泣时，只有你一人哭泣。”日谚道：“笑门福来”。如果我们想要福气的话，在每天出门时就多练习笑容吧！

第四章

拥有正能量，再大的困难也是烟云

我们生活中的大多数时光都在很普通的日子里度过。有时，看似很正常的生活，感受上却似走进生活的误区。有点儿浑噩，有点儿疲惫，有点儿茫然，有点儿怨恨，总之，被苦闷所占据。此时，你若拥有正能量，就会对这些苦闷一笑而过，没有过不去的坎，为什么不能开心一点呢？在正能量面前，再大的困难也是云烟。

笑着面对，没有什么想不开

用微笑面对我们遇到的严重困境，用豁达的心态面对我们遭遇到的一切打击，那么，所有的困境和打击都会在我们的微笑面前低头。

有这样一个故事：百货店里，有个穷苦的妇人带着一个约4岁的男孩转圈子。走到一架照相机旁，孩子拉着妈妈的手说："妈妈，让我照一张相吧。"妈妈弯下腰，把孩子额前的头发拢在一旁，很慈祥地说："不要照了，你的衣服太旧了。"孩子沉默了片刻，抬起头来说："可是，妈妈，我仍会面带微笑的。"

听完这个故事，我们已被那个小男孩简单的话感动得泪眼盈盈。试问一下，如果在生活中，我们每个人都像那个小男孩一样贫穷、衣衫褴褛，甚至一无所有，我们会像他一样从容、坦然、开怀地微笑吗？我们相信，在这个世界上，没有任何一样东西能比一个灿烂开怀的微笑更能打动人们的心。

无论我们身处何方，无论我们身兼何职，无论我们此刻陷入了多么严重的困境或遭到了多么大的挫折和打击，我们都要用微笑去面对一切。那么，一切的不幸和困惑都会屈服于我们的微笑之下。微笑是人类最简单、最易懂的语言，它能消除人与人之间的隔阂，可以化解人与人之间的坚冰。我们的一个微笑也可以抚慰自己的心灵，让生活充满阳光雨露。

既然我们知道挫折、困境，甚至不幸的遭遇是人生道路上所不可避免的，那我们为什么不能坦然乐观地去面对这一切，让我们的灵魂始终微笑呢？自强不息是我们生命中蕴含着的不可阻挡的力量。这种力量会使我们人生中所有的苦难如轻烟一般随风飘散，然后彻底地消失。

记住：尽量消除或减少一切消极和悲观情绪。每天，都努力在你生活的周围去寻找让我们开心和快乐的事情。

只有在绝境中仍然能抓住快乐的人，才能真正领悟到快乐的真谛。

生活中的种种困境和不幸对我们造成的挫败感是否像乌云挡住太阳一样遮住了视线，让我们看不到光明。如果我们试着换个角度去看待这个世界，就会惊奇地发现，世界一片光明，大自然充满了生机和活力，生活是多姿多彩的。活着就要享受生活中的一切快乐，淡化一切痛苦，不要钻牛角尖和自己过不去。

人活在这个世界上会遇到各种各样的事情，或喜或忧，或成功或失败，我们无从选择。我们可以做的只有调整好自己的情绪，遇到任何事情都往好的方面考虑。这样，不但能够帮助我们更好地处理各种问题，更多的是可以获得身心健康，我们又何乐而不为呢？

托尔斯泰在他的散文名篇《我的忏悔》中讲了这样一个故事：

一个男人被一只老虎追赶而掉下悬崖，庆幸的是在跌落过程中他抓住了一棵生长在悬崖边的小灌木。此时，他发现头顶上的那只老虎正虎视眈眈，低头一看，悬崖底下还有一只老虎，更糟糕的是两只老鼠正忙着啃咬悬着他生命的小灌木的根须。绝望中，他突然发现附近生长着一簇野草莓，伸手可及。于是，这人拽下草莓，塞进嘴里，自语道：“多甜啊！”

在生命的旅途中，病痛、绝望、灾难、不幸都会不约而同地向我们逼近，而让我们陷入无奈的困境。不知我们是否会像上面这个故事所讲的那样，在危急时刻，还能享受一下野草莓甜甜的滋味？

只有在绝境中仍然能抓住一丝快乐的人，才能真正领悟到快乐的真谛。

如果我们在逆境中可以保持理智和清醒，我们就可以因此而更加全面地认识自己的优点和不足。

日常生活中，我们常面临工作不得志、情场失意、家人和朋友之间的误会等。其实，生活中与人相处的种种情况就如同冬去春来、冷暖交替的变化。等到一切都烟消云散时，我们才发现，当时的行为举动实在是幼稚、荒唐。但等到下一次类似的事情发生时，我们又一次重复地抱怨、不满，从未想过汲取以前的经验和教训。就这样，我们在困惑和清醒之间游移徘徊，从原点开始，然后又回到原点，自身得不到半点的突破和成长。

生活中的逆境就如同大街上的红绿灯一样，偶尔限制我们的前进，让我们停下来做个短暂的休息，顺便看看自己是否走错了方向，这不是一种障碍，而是为了让我们更好地完成我们的旅途。

所以，当我们身处逆境时，我们应该不断地自我反省，重新认识自己。因为太多的时候，我们并不能真正地认清自己，我们总是有意或无意地否定自己内心存在着的种种困惑、孤寂和空虚。同时，由恐惧引起的各种不良的负面情绪使我们错失了反省的机会。

人在顺境时的得意是非常自然的事情，但我更希望我们能在逆境时苦中作乐，把自己的心情放平静，去全面地认识那个平常被我们疏忽的自己，从而帮助自己在生活中更好地成长。

三千烦恼丝，一笑就化解

有个王子，一天吃饭时，喉咙里卡了一根鱼刺，医生们束手无策。这时一位农民走过来，一个劲地扮鬼脸，逗得王子止不住地笑，终于吐出了鱼刺。

一对夫妻因为一点生活琐事吵了半天，最后丈夫低头喝闷酒，不再搭理妻子。吵过之后，妻子先想通了，便想和丈夫和好，但又感到没有台阶可下，于是，她便灵机一动，炒了一盘菜端给丈夫说："吃吧，吃饱了我们接着吵。"一句话把正在生闷气的丈夫给逗乐了，见丈夫真心地笑了，她自己也乐开了。就这样，一场矛盾在笑声中化解开来。

雪莱说过："笑实在是仁爱的表现、快乐的源泉、亲近别人的桥梁。有了笑，人类对感情就容易沟通了。"

不妨给自己一个笑脸，让来自于心底的那份执着鼓舞自己插上理想的翅膀，飞向最终的成功；让微笑激励自己产生前行的信心和动力，去战胜困难，闯过难关。

笑是快乐的象征，是快乐的源泉。笑能化解生活中的尴尬，能缓解工作中的紧张气氛，也能淡化忧郁。既然笑声有这么多的好处，我们有什么理由不让生活充满笑声呢？不妨给自己一个笑脸，让自己拥有一份坦然；还生活一片笑声，让自己勇敢地面对艰难。这是怎样的一种调解，怎样的一种豁达，怎样的一种鼓励啊！

一位律师到英国国家船舶博物馆参观，以调节他失意的心情。当时他刚打输了一场官司，委托人也于不久前自杀了。尽管这不是他的第一次失败辩护，也不是他遇到的第一例自杀事件，然而，每当他遇到这样的事情，总是有一种负罪感。他不知该怎样安慰那些在生意场上遭受了不幸的人，那些人有的被骗，有的被罚，也有的因打输了官司而落得债务缠身。

当他在国家船舶博物馆观看那些旧船时，忽然被一艘经历不凡的船吸引住了。这艘船原属于荷兰某船舶公司，于1894年下水，在大西洋上曾138次遭遇冰山、116次触礁、13次起火、207次被风暴扭断桅杆，然而它并没有沉没，英国劳埃德保险公司基于它不可思议的经历，将这艘船体变形、创痕累累的船从荷兰买回来捐给国家。

这位律师看到这艘船后，产生了一个想法：为什么不让那些生意场上的失意者来参观参观这艘船呢？于是，他就把这艘船的历史抄下来，和这艘船的照片一起挂在他的律师事务所里。每当商界的委托人请他辩护，无论输赢，他都建议他们去看看这艘船，自此，在他的委托人中，再也没有发生过自杀事件。据英国《泰晤士报》说，截止到1987年，已有1230万人参观过这艘船。

坚持微笑，沉重的脚步也会轻松

我们生活中的每一天都将会是一个非常积极的经历，这一天因为用于对成功的意义进行反思而成为倒计时进程中的一个里程碑。今天，当我们对自己的变化感到高兴时，不妨拿出一点时间来为自己已经取得的成功庆祝一下。正如人们所说的那样：成功的意义不在于它的目标，而在于它的过程。在这个过程中，每一个前进的步伐都带有一份快乐。我们可以恶待每一天，但我们得不到什么；我们还可以善待每一天，并且我们可以得到许多。

说这一天是有意义的一天，并不表明我们是整天耽于乐观臆想的人，恰恰相反，我们是非常实际的人。这样说是因为我们必须确定该如何看待自己的世界，因为我们明白即使是最惨痛的失败和最沉痛的经历，里面也蕴含着有价值的教训。每一个失败都使我们更接近成功。如果我们能够学会对自己生活中发生的每一件事情，无论是好的还是坏的，都能够得出正确的评价，我们就能够让自己每一天的生活愈加充实完美。这种生活态度激励我们不断地走向更大的成功。成功不是一件不得不久久等待的事情，不是一件只存在于遥不可及的未来的事情，成功存在于每一天前进途中的每一个能给我们带来欣喜的小小收获之中。现在就采取这样的生活态度，明白自己已经在许多方面获得了这样那样的成功。这会让我们感觉到无论自己选择什么样的成功之路都是有意义的，从而更有信心地接近自己的成功目标。

曾有一位美国作家写过许多励志书籍，其中有一本是《只有渴望是不够的》，书中对生命的意义做出了阐述。书的作者不无尖锐地指出：我们都在努力走向成功，并竭力向周围的每一个人表明我们的努力。非常不幸的是，这种努力有的时候占据了我们的整个生活。我们从来没有时间去和我们生活周围的人们做有意义的接触，而是错误地认为我们以后会有时间再去弥补的。我们总是忽视我们所爱的人，忽略每一天平常生活中的不平常趣味，总是到了一切都已经变得太迟了时才惶恐地珍惜与懊悔。记住，在我们弥留之际躺在病榻上时，谁也不会去说："我希望把更多的时间用在生意上。"

人生如同一只在大海中航行的帆船，掌握帆船航向与命运的舵手便是自己。有的帆船能够乘风破浪，逆水行舟，而有的却禁不住风浪的考验，过早地离开大海，或是被大海无情地吞噬。之所以会有如此大的差别，不在别的，而是因为舵手看待生活的态度不同。前者被乐观主宰，即使在浪尖上也不忘微笑；后者是悲观的信徒，即使起一点风也会让他们胆战心惊，让他们祈祷好几天。一个人或是面对生活闲庭信步，抑或是消极被动地忍受人生的凄风苦雨，这都取决于他看待生活的态度。

一个人快乐与否，不在于他处于何种境地，而在于他是否持有一颗乐观的心。对于同一轮明月，在泪眼蒙眬的柳永那里就是："杨柳岸，晓风残月。此去经年，应是良辰好景虚设。"而到了潇洒飘逸、意气风发的苏轼那里，便又成为："但愿人长久，千里共婵娟。"同是一轮明月，在持不同心态的不同人眼里便是不同的。人生也是如此。

二胡有两根弦，小提琴有四根弦。我国古代有七弦琴，"手抚七弦琴目送飞鸿"。国外乐器竖琴有十几根弦的，也有30根弦的，最多的有36根弦。这些弦相互配合才能使乐器发出和谐悦耳的音乐，一般来说，弦越多，音乐效果越丰富。

但如果只有一根弦呢?

某著名音乐家在一场音乐会上演奏一首名曲，至半途，小提琴的弦忽然断了一根，这位音乐家没有中止他的演奏，而是用剩下的三根弦继续演奏。忽而又断了一根，这位音乐家一时性起，干脆自己扯断了第三根弦，只用唯一的一根弦演奏完了这首曲子，却博得了热烈的掌声。

某剧团的鼓手和琴师不和，在某次重要的演出前，鼓手在琴上做了手脚，当剧情发展到高潮，琴师正以他炉火纯青的技艺演奏时，一根弦断了。琴师用唯一的一根弦继续演奏，并给观众以一种全新的、具有震撼力的感受。琴师名声从此大噪，鼓手反而成就了一个名琴师。

上天不会给我们快乐，也不会给我们痛苦，它只会给我们生活的佐料。调出什么味道的人生，那只能在我们自己。我们可以选择一个快乐的角度去看待它，也可以选择一个痛苦的角度。

想要在失意中奋起，需要你的微笑

有一个人把自己多年的积蓄以及全部财产都投资到一种小型制造业上。由于对变化无常的市场把握不当，再加上前几年原料价格不断上涨等原因，他的企业垮了。而此时妻子又从原来的单位下岗，他处于绝境之中，他对自己的失败、对自己那些损失无法忘怀，毕竟那是他半辈子的心血和汗水。好几次，他都想跳楼自杀，一死了之。

一个偶然的机会，他在一个书摊上看到了一本名为《怎样走出失败》的旧书。这本书给他带来了希望和重新振作的勇气，他决定找到这本书的作者，希望作者能够帮助他重新站起来。

当他找到那本书的作者，讲完了他自己的遭遇时，那位作者却对他说："我已经以极大的兴趣听完了你的故事，我也很同情你的遭遇，但事实上，我无能为力，一点忙也帮不上。"

他的脸立刻变得苍白，低下了头，嘴里喃喃自语："这下子彻底完蛋了，一点指望都没有了。"

那本书的作者听了片刻，说："虽然我无能为力，但我可以让你见一个人，他能够让你东山再起。"

他立刻跳起来，抓住作者的手，说："看在老天爷的份上，请你立刻带我去见他。"

作者站起身，把他领到家里的穿衣镜面前，用手指着镜子说："这个人就是我要介绍给你的人，在这个世界上，只有这个人能够使你东山再起。除非你坐下来，彻底认识这个人，否则你只有跳楼了。因为在你对这个人没有充分认识以前，对于你自己或这个世界来说，你都将是没有任何价值的废物。"

他站在镜子面前，看着镜子里的那个满脸胡须的面孔，认真地看着。看着看着，他哭了起来。

几个月之后，作者在大街上碰见这个人，几乎认不出来了。他的脸不再是几十天没刮的样子，脚步也异常轻快，头抬得高高的，衣着也焕然一新，完全是一个成功者的姿态。

他对作者说："那一天我离开你家时，只是一个刚刚破产的失败者。我对着镜子发现自己也不愿意看到这么颓废的自己，我要改变。现在我又找到一份收入很不错的工作，妻子也重新上岗，薪水也很可观。我想用不了几年，我就会东山再起。"

一个人如果懒于行动，容易退缩，并且在困难中日益消沉，那你追求的就不是成功，而是失败了，因为我们把失败当作了终极，在这儿止步不前，将是我们一生的失败。

用乐观的心态去勇敢地面对吧。快乐是一种心态，是一种情绪。这种心态和情绪与挫折和失败无关。如果天下的人们用鲜花铺满自己心灵的春天，用快乐填充自己的平常生活，一个脚印一个脚印地走，那么，每一个脚印都是一首成功的歌。

笑对命运，你也会收获幸福

一个自以为很有才华的人一直得不到重用，为此，他愁肠百结，异常苦闷。有一天，他去质问上帝："命运为什么对我如此不公？"上帝听了沉默不语，只是捡起了一颗不起眼的小石子，并把它扔到乱石堆中。上帝说："你去找回我刚才扔掉的那个石子。"结果，这个人翻遍了乱石堆，却无功而返。这时候，上帝又取下了自己手上的那枚戒指，然后以同样的方式扔到了乱石堆中。结果，这一次，他很快便找到了那枚戒指——那枚金光闪闪的金戒指。上帝虽然没有再说什么，但是他却一下子醒悟了：当自己还只不过是一颗石子，而不是一块金光闪闪的金子时，就永远不要抱怨命运对自己不公平，只要自己努力把自己变成戒指就可以了。

当一个人凡事都怪运气不好的时候，他就很难跳出那个框框了。总之，最重要的是不要随随便便地就把一切的责任往命运身上推。宿命论者大多非常灰暗、悲观。他们越是这样，幸运女神就越不会去眷顾他们，他们就更相信是运气不好，而造成一种恶性循环。这种人事情做得好不好基本上并不是问题，成为问题的是他们老是把一切都推到命运上。

能够开朗工作的人大多不会是宿命论者。凡事都要往好的方面想，如此一来才有可能不断地给我们带来好运，我们也就快乐起来了。

法拉第是一个穷孩子，住在伦敦的一个破旧不堪的马棚里，他每天都要背着一大捆报纸到街上去卖，每份报纸一便士，他就靠这点钱来维持自己的生活。他还在装订商和图书出版商那里当过7年的学徒。

有一次，他在装订《大不列颠百科全书》的时候，无意间看到了一篇介绍电的文章，这篇文章就像磁铁一样地吸引了他，直到一口气把这篇文章读完为止。他完全被电吸引住了，他找来一个玻璃瓶、一个旧的平底锅，再加上几件很简单的工具，就开始做有关电的实验了。

有一位顾客被这个男孩子的好奇心感动了，他把法拉第带去听著名化学家弗莱·戴维的讲座。法拉第听了戴维的讲座后，斗胆给他写了一封信，并且把自己听讲座的笔记送给戴维审阅。

就在此后的一个晚上，正当法拉第准备上床睡觉的时候，戴维的马车停在了他那很简陋的住所门口，一个仆人走下马车，递给法拉第一封戴维的亲笔信，信中邀请法拉第到他那里去。他读着这封神圣的信，简直就无法相信自己的眼睛。

第二天早晨，他去拜访戴维先生。这位科学家请法拉第给他做一些清洗实验仪器和搬运设备的工作。这对他来说是求之不得的。在做一些有危险性的实验时，戴维总是戴着一副玻璃做的安全面具，而法拉第一点也不怕这些东西，总是全神贯注地看着戴维的一举一动，戴维看到那双充满求知欲的眼睛，心里也感到很激动。

经过一段时间的观察和学习，法拉第开始做起实验来了。很快，凭着他的勤奋和悟性，他的成果不断地涌现出来，许多一流的科学家都纷纷邀请这位当初没有任何“机会”的穷孩子给他们做报告。这个自强不息的孩子，因为对知识的渴望，终于站在巨人的肩膀上，攀登上了科学的高峰。

由于他的卓越成就，法拉第被任命为伍尔韦奇皇家学院的教授。

所谓命运者，是辛苦付出和积极拼搏的结果。抱怨命运不公或者感叹自己命不好的人，肯定是一个懒惰、懦弱、不肯努力付出的人。时间改变不了一切，付出却能改变命运。

命运的主人公永远都是我们自已，是我们在不断地创造着自己的命运。

学会微笑，你的生活将多姿多彩

为了不断地感到幸福，甚至在苦恼和愁闷的时候也感到幸福，那就需要善于满足现状、很高兴地感到“事情原来可能更糟呢”，这是不难的。

要是火柴在你的衣袋里燃起来了，那你应当高兴，而且感谢上苍：多亏你的衣袋不是火药库。

要是有穷亲戚上别墅来找你，那你不要脸色苍白，而要喜气洋洋地叫道：“挺好，幸亏来的不是警察！”

如果你的妻子或者小姨练钢琴，那你不要发脾气，而要感谢这份福气：你是在听音乐，而不是在听狼嗥或者猫的音乐会。

你该高兴，因为你不是拉长途马车的马，不是寇克的“小点”，不是旋毛虫，不是猪，不是驴，不是茨冈人牵的熊，不是臭虫。

如果你不是住在边远的地方，那你一想起命运总算没有把你送到边远的地方去，你岂不觉得幸福？

要是你有一颗牙痛起来，那你就该高兴：幸亏不是满口的牙痛起来。

你该高兴，因为你居然可以不必读《公民报》，不必坐在垃圾车上，不必一下子跟三个人结婚。

要是你给送到警察局去了，那就该乐得跳起来，因为多亏没有把你送到地狱的大火里去。

要是你挨了一顿桦木棍子的打，那就该蹦蹦跳跳地叫道：“我多么运气，人家总算没有拿带刺的棒子打我！”

要是你的妻子对你变了心，那就该高兴，多亏她背叛的是你，不是国家。

依此类推……朋友，照着我的劝告去做吧，你的生活就会欢乐无穷了。

这篇文章是契诃夫《外国名家随笔金库》中的一篇，原本是契诃夫对企图自杀者的进言。一般人看了以后都会忍俊不禁，幽默诙谐当中的确蕴含了丰富的哲理，寄寓了他对真诚生活的向往。

将这篇文章伸展开来，我们可以想：

如果虚度了今天，那么就暗自庆幸，还有明天。我们可以重新开始。

如果错过了太阳，不要流泪，不然就要错过群星了。

如果正在刮台风下雨的时候，我们正在街上，把雨伞打开就够了，犯不着去说："该死的天，又下雨了！"这样说对于雨滴、对于云和风都不起作用。我们不如说："多好的一场雨啊！"这句话对雨滴同样不起作用，但是它对我们自己有好处，同时也可以把快乐传递给别人。

在深圳的一次"城市精英"的培训班上，有一个公司的总经理在公众面前谈他的成功经验时说："我其实没有什么成功经验。到今天为止，40多年来，我每天做的都是很平常的事情。每天我都按计划做我每天的事情，一件事情做完了，接着再做下一件事情。走到今天，应该说我对自己还是满意的，因为，我计划中的目标都实现了。我在深圳有自己的房子、车子、公司，最近又将父母接到了身边，我感到生活让我平实地走了过来，我对生活也充满着挚爱，我在生活中学会了平常的付出，而生活却给了我超常的回报。"

生活是一面镜子，我们对它笑，它就对我们笑；我们冲它哭，它就冲我们哭。是哭是笑，取决于我们怎样去面对它。每天对自己笑一笑，笑出一份好心情，笑出一份自信；每天对自己笑一笑，就是自我调理情绪，给自己一份轻松，让自己有一份良好的心态。

第五章

拥有正能量，一切难题都会化解

按照常规的思路，有时我们便会缺乏创造性或是跟在别人的后面亦步亦趋。当陷入思维的死角不能自拔时，不妨尝试一下逆向思维法，打破原有的思维定势，反其道而行之，开辟新的境界。世界上从没有一成不变的事物，也没有放之四海皆准的真理。正能量让我们不再固步自封，死守一个死角，它教我们必须变化地去看事物。事情发生了总会有解决的方法，换个角度思考问题，通常就会使一些困扰我们的问题迎刃而解。

生活乏味，不妨换个思路

法国著名科学家法布尔发现了一种很有趣的虫子，这种虫子都有一种“跟随者”的习性。他们外出觅食或者玩耍，都会跟随在另一只同类的后面，而从来不敢换一种思维方式，另寻出路。发现这种虫子后，法布尔做了一个实验，他花费了很长时间捉了许多这种虫子，然后把他们一只只首尾相连地放在了一个花盆周围，在离花盆不远处放置了一些这种虫子很爱吃的食物。一小时之后，法布尔前去观察，发现虫子一只只不知疲倦地在围绕着花盆转圈。一天之后，法布尔再去观察，发现虫子们仍然在一只紧接另一只地围绕着花盆疲于奔命。七天之后，法布尔去看，发现所有的虫子已经一只只首尾相连地累死在了花盆周围。

后来，法布尔在他的实验笔记中写道：这些虫子死不足惜，但如果它们中的一只能够越出雷池半步，换一种思维方式，就能找到自己喜欢吃的食物，命运也会迥然不同，最起码不会饿死在离食物不远的地方。

人也一样。人一旦形成了思维定势，就会习惯地顺着定势的思维思考问题，不愿也不会转个方向、换个角度想问题，这是很多人的一种愚顽的“难治之症”。

这种思维习惯定势的影响很大。在生活的旅途中，我们总是经年累月地按照一种既定的模式运行，从未尝试过走别的路，这就容易衍生出消极厌世、疲塌乏味之感。所以，不换思路，生活也就乏味。

世上的事情有时就这么简单得让人难以置信。如果我们墨守成规，等待我们的只有失败；相反，如果我们稍微动一下脑筋，对传统的思维方式进行一番创新，就能获得成功。比如，那种具有“跟随者”习性的虫子为什么就不能动动脑筋，对自己固有的习性进行一下创新——不跟在别人身后漫无目的地奔跑，而是换一种思维方式呢？

大象是世界上最强壮的动物之一。当一头年轻的野生大象被抓到时，猎手们会用金属圈套住它的腿，把它用链子捆到附近的榕树上。自然，大象会一次又一次地试图挣脱，但尽管它做出了巨大努力，它还是不能成功。几天挣扎并且伤了自己之后，它意识到它的努力是徒劳的，最后它放弃了。从此刻起，这头大象再也没有挣脱过，即使是别人只用了一条小绳和木桩。

研究者发现在一种被称为梭鱼的鱼类中也存在僵化的倾向。通常情况下，梭鱼会就近攻击在它可见范围内游泳的鲦鱼。作为一个实验，研究者们把一个装有几条鲦鱼的无底玻璃钟罐放入一条梭鱼的水箱中。这条梭鱼立刻向罐子里的鲦鱼发动了几次攻击，结果它敏感的鼻子狠狠地撞到了玻璃壁上。几次惨痛的尝试之后，梭鱼最终放弃，并完全忽视了鲦鱼的存在。钟罐被拿走后，鲦鱼们可以自由自在地在水中四处游荡，即使当它们游过梭鱼鼻子底下的时候，梭鱼也继续忽视它们。由于一个建立在错误信念基础之上的死结，这条梭鱼会不顾周围丰富的食物而把自己饿死。

这两个试验是否会给我们某些启示呢？当人类也像大象和鱼一样被安排了一个圈套，当他们不能够挣脱的时候，就会选择顺从和视而不见。一位教授曾说过，人类的思维过程有时就是自己为自己下套，当人们钻进了自己禁锢自己的思维定势，人类的思想就再也无法自由了。

在生活和工作中，我们常常会遇到困难和挫折，在一次次的碰壁中感到迷茫，觉得前途灰暗，只要我们转变思想，换个角度来看问题，就会有柳暗花明的感受。善于转换思路思考问题，常常能获得更多的成功的机会。

思路改变了，你的视野也开阔了

有个教徒在祈祷时，烟瘾来了，他问在场的神父，祈祷时可不可以抽烟，神父回答“不行”。另一个教徒也想抽烟，他问神父，在抽烟的时候可不可以祈祷，神父回答：“当然可以。”

同样是抽烟加祈祷，要求祈祷时抽烟，那似乎意味着对耶稣的不尊重；而要求抽烟时祈祷，则可以表示在休闲时也想着神的恩典，神父当然没有反对的理由。

我们通常都会犯同一个错误——在同一面墙上撞来撞去，直到撞得头破血流。从相反的角度去观察我们所要解决的问题，我们也许会找到想要的答案。

两个儿子大了，富翁老了。这些日子富翁一直在苦苦思索，到底让哪个儿子继承遗产？富翁百思不得其解。想起自己白手起家的青年时代，他忽然灵机一动，找到了考验他们的好办法。

富翁锁上宅门，把两个儿子带到一百里外的一座城市里，然后给他们出了个难题，谁答得好，就让谁继承遗产。他交给他们一人一串钥匙、一匹快马，看他们谁先回到家，并把宅门打开。

马跑得飞快，所以兄弟两个几乎是同时回到家的。但是面对紧锁的大门，两个人都犯愁了。

哥哥左试右试，苦于无法从那一大串钥匙中找到最合适的那把；弟弟呢，则苦于没有钥匙，因为他刚才光顾着赶路，钥匙不知什么时候掉在了路上。

两个人急得满头大汗。突然，弟弟一拍脑门，有了办法，他找来一块石头，几下子就把锁砸了，他顺利地进去了。

自然，继承权落在了弟弟手里。

人生的大门往往是没有钥匙的，在命运的关键时刻，人最需要的不是墨守成规的钥匙，而是一块砸碎障碍的石头！

没有一成不变的事物，也没有放之四海而皆准的真理，必须变化地去看事物。抱着旧观念、旧框框去看待新情况必然是行不通的。在取舍、肯否之间很容易形成“定而不移”之势。解除定势的唯一可行的办法就是极大地开阔我们的视野，改变我们既有的思维方式，时刻警惕陷入“经验”中去。

事情发生了总会有解决的方法的——换个角度思考问题，通常就会使一些困扰我们的问题迎刃而解。

跳出“非此即彼”，你的眼界大开

一家公司招聘职员，有一道试题是这样的：在一个狂风暴雨的晚上，你开车经过一个车站，发现有三个人正苦苦地等待公交车的到来：第一个是看上去濒临死亡的老妇，第二个是曾经挽救过你生命的医生，第三个是你的梦中情人。你的汽车只能容得下一位乘客，你选择谁？

每个人的回答都有他的理由：选择老妇，是因为她很快就会死去，我们应该挽救她的生命；选择医生，是因为他曾经救过你的命，现在是你报答他的最好机会；选择梦中情人，是因为如果错过这个机会，也许就永远找不回她（他）了。

在200个候选人中，最后获聘的一位的答案是什么呢？“我把车钥匙交给医生，让他赶紧把老妇送往医院；而我则留下来，陪着我心爱的人一起等候公交车的到来。”

我们常常会被“非此即彼”的思维模式所限，没想到自己“从车上下来”。抛开思维的固有模式，我们可以获得更多。

法国著名女高音歌唱家玛·迪梅普莱有一个美丽的私人园林。每到周末，总会有人到她的园林摘花、拾蘑菇，有的甚至搭起帐篷，在草地上野营、野餐，弄得园林一片狼藉、肮脏不堪。

管家曾让人在园林四周围上篱笆，并竖起“私人园林禁止入内”的木牌，但均无济于事，园林依然不断地遭到践踏、破坏。于是，管家只得向主人请示。

迪梅普莱听了管家的汇报后，让管家做一些大牌子立在各个路口，上面醒目地写明：如果在林中被毒蛇咬伤，最近的医院距此15公里，驾车约半小时即可到达。从此，再也没有人闯入她的园林。

“私人园林禁止入内”和“如果在林中被毒蛇咬伤……”有什么不同？——有时成败只在于一个观念的转变。

人常常会被自己的思维惯性给缠住，从而陷入死胡同里，怎么转也转不出来。很多时候，当我们站在一个角度看问题的时候，我们往往就会陷入一个思维怪圈。如果我们跳出这个固定思维，也许我们就会眼界大开。

小富即安，注定平淡无奇

很多人走不出思维定势，所以他们走不出宿命般的可悲结局；而一旦走出了思维定势，也许可以看到许多别样的人生风景，甚至可以创造新的奇迹。因此，从舞剑可以悟到书法之道，从飞鸟可以萌发造飞机的创意，从蝙蝠可以联想到电波，从苹果落地可悟出万有引力……常爬山的应该去涉水，常跳高的应该去打打球，常划船的应该去驾驾车，常当官的应该去为民。换个位置、换个角度、换个思路，也许我们面前是一番新的天地。

中国古代有个故事，说的是公元前657年，晋国君主晋献公听信夫人骊姬的谗言，逼死太子申生，逼公子重耳出逃在外。重耳立志回国继位，振兴家园。后来，他在齐国娶了妻子，又接受了齐恒公馈赠的20辆马车，很感满足。其妻见状，痛心疾首，劝勉他：“行也！怀与安，实败名！”意思是：您且行动吧，满足现状是会毁掉一个人的前途的！重耳从此振作起来，几年后夺回了王位。根据这个故事，人们引申出“怀安丧志”这个成语，告诫人们：迷恋、苟安于享受，就会变成碌碌无为的庸人。

水可载舟，亦可覆舟。顺境和逆境，在一定条件下是会互相转化的。面临厄运时我们如果能够适当地变换思维的角度和方式，多从其他方面重新评价和审视所遭遇的挫折，将有助于摆脱自己所处的困境。

譬如照相，同一景物，从不同的角度拍摄，就会得到不同的形象。对待厄运也是这样。我们应当看到，偶然的不幸是生活的组成部分，但它仅仅是生活的一小部分。在我们的整个生活中，还有那么多的欢乐和幸福的事情，我们为什么不去注意它们，而要对自己的一些创痛念念不忘呢？有的人在厄运袭来时，就觉得自己是天底下最倒霉的人。其实，事情并不完全是这样。也许我们在某件事上是“倒霉”的，但我们在其他方面可能依然很幸运。和那些更不幸者相比，我们或许还是一个十分幸运的人。英国作家萨克雷有句名言：“生活是一面镜子，你对它笑，它就对你笑；你对它哭，它也对你哭。”的确，如果我们以欢悦的态度微笑着看待生活，生活就会对我们“笑”，我们就会感受到生活的温暖和愉快。而我们如果总是以一种痛苦的、悲哀的情绪注视生活，那么生活的整个基调在我们心中也就会变得灰暗了。

事实上，逆境也可以砥砺人生，增长人的才干，使人通过破除障碍和不良情绪而得到新的突破与发展，心理达到更高层次的平衡；而顺境则也可能使人怀安丧志，一事无成。

逆向思维，柳暗花明又一村

一个非常著名的公司要招聘一名业务经理，丰厚的薪水和各项福利待遇吸引了数百名求职者前来应聘，经过一番初试和复试，剩下了10名求职者。主考官对这10名求职者说：“你们回去好好准备一下，一个星期之后，本公司的总裁将亲自面试你们。”一个星期之后，10名做了准备的求职者如约而至。结果，一个其貌不扬的求职者被留用下来，总裁问这名求职者：“知道你为什么会被留用吗？”这名求职者老实地回答：“不清楚。”总裁说：“其实，你不是这10名求职者中最优秀的。他们做了充分的准备，比如时髦的服装、娴熟的面试技巧，但都不像你所做的准备那样务实。你用了一种超常规的方式，对本公司产品的市场情况及别家公司同类产品的情况做了深入的调查与分析，并提交了一份市场调查报告。你没被本公司聘用之前，就做了这么多工作，不用你又用谁呢？”

在我们的生活中，我们总是习惯于遵循一贯的观点和想法，总是习惯于按常规去做一些事情，却不知道机遇往往就蕴藏在我们的灵机一动之中。因此，平时我们不妨经常问一下自己：为什么我们总是习惯于做大家都会做的事情，为什么不给自己一个突破的机会呢？的确，在人的思想里面，有千万个叫作灵感的精灵，它们随时可能跳出来，但是也可能永远都在沉睡，而这一切都取决于我们自己。

我们总是习惯于遵循一贯的观点和想法，总是习惯于按常规去做一些事情，却不知道机遇往往就蕴藏在我们的灵机一动之中。

有一天，动物园的管理员们发现袋鼠从笼子里跑出来了，于是开会讨论，一致认为是笼子的高度过低。所以他们决定将笼子的高度由原来的十公尺加高到二十公尺。结果第二天，他们发现袋鼠还是跑出来了，所以他们又决定再将高度加高到三十公尺。没想到隔天居然又看到袋鼠全跑到外面，于是管理员们大为紧张，决定一不做二不休，将笼子的高度加高到一百公尺。

一天，长颈鹿和几只袋鼠在闲聊，“你们看，这些人会不会再继续加高你们的笼子？”长颈鹿问。“很难说。”袋鼠说，“如果他们再继续忘记关门的话！”

其中的奥秘在于管理员只想到了笼子的高度，没有想到关门。

上课时，老师先给学生们讲述了这么一个故事。一个聋哑人到五金行买钉子，他先用左手做持钉状，捏着两个手指放在柜台上，然后右手做锤打状。售货员先递过把锤子，聋哑人摇了摇头，指了指做持钉状的两个手指，这回售货员终于拿对了。

这时，又来了一位盲顾客，他想买一把剪刀，“那位盲人又怎样用最简单的方法买到他要的剪刀？”教授问。教授话音刚落，一个学生就抢着回答：“只要伸出两个指头模仿剪刀的样子就可以了。”其他同学也纷纷点头一致认同他这一“最简单的方法”。不料，教授却摇摇头。“其实，盲人只要开口说一声就行了。”教授提高嗓门说。

同学们恍然大悟。老师语重心长地说：“记住，一个人进入思维的死角，那智力就会在常识之下。”

在日常生活中常见人们在思考问题时“左思右想”，说话时“旁敲侧击”，这就是侧向思维的形式之一。如果我们只是顺着某一思路思考，往往找不到最佳的感觉而始终不能解决问题，甚至让自己走入思维的死角，而导致一些常识性错误的发生。这时可以让思维向左右发散或做逆向推理，有时能得到意外的收获，从而促成思维的完善和问题的解决。

逆向思维是超越常规的思维方式之一。按照常规的思路，有时我们便会缺乏创造性，或是跟在别人的后面亦步亦趋。当我们陷入思维的死角不能自拔时，不妨尝试一下逆向思维法，打破原有的思维定势，反其道而行之，开辟新的境界。

神奇创意来源于你的想象

美国的莱特兄弟是一对爱别出心裁、搞点花样的人。兄弟俩本来是靠修理自行车过活的，本可以守摊混饭吃，但他俩并不满足现状，喜欢别出心裁，搞点花样。

一天，兄弟俩在门前马路上试骑刚修好的自行车，由于车闸失灵、路陡坡大，自行车一下冲了出去，吓得路上的鸡、鸭到处乱飞。

“哎，要把咱们的自行车变得能往天上飞，那该多好！”“把汽车、火车都安上翅膀，就都能上天了！”……兄弟俩真想搞点花样了。

我们都明白，铁跟空气比谁重谁轻，想让很重的发动机飞上天，那不成了神话了吗？莱特兄弟的“花样”受到很多人的反对。

但是，莱特兄弟不被困难吓倒。他们一边学习理论知识，一边经常观察雄鹰盘旋、燕子高飞，花了大量的时间在家钻研。经过十多年的努力，终于制成了第一架双翼飞机。兄弟俩高兴地把这架用内燃机做动力，用木料做骨架，用帆布做机篷的飞机叫作“飞行者号”。从此，莱特兄弟给人类开辟了航空科学的新纪元。

富有想象力的人都有着旺盛的求知欲和强烈的好奇心；而缺乏想象力的人总是坚信自己所学的知识是对的，却很少想到这些知识有什么不对之处。因此，一些人总是用前人所用过的传统方式去看待事物。这样，他们只能见到前人已见到过的东西，只能想到与前人已经发现了的东西有什么联系，却容易忽略有什么新的联系。而有旺盛求知欲和强烈好奇心的人却不这样，他们对新鲜事物特别感兴趣，并且发现问题以后，能够请教老师和朋友。因此他们进步很快。

爱因斯坦说："想象比知识更重要，因为知识是有限的，而想象力概括着世界上的一切，并且是知识进化的源泉。"

老师提问："雪化了变成什么？"

"变成水。"大家异口同声地说。

一个小孩子回答："变成了春天。"这个回答是多么富有想象力，又是多么富有艺术性，可居然被老师判为零分。因为老师认为，这个问题的标准答案不是这样。

想象力是人类独有的才能，是人类智慧的生命线。在创造发明和探索新知识的过程中，想象力是一切希望和灵感的源泉。它不仅引导我们发现新的事实，而且激发我们做出新的努力，使我们预言未来，看到可能产生的后果。

任何一个人都是极具想象力的天才，而那些天马行空、稀奇古怪的想法其实正是可贵的想象力的火花。

拓宽思维需要你的想象

美国有一位工程师和一位逻辑学家是无话不谈的好友。一次，两人相约赴埃及参观著名的金字塔。到埃及住进宾馆后，逻辑学家仍然习以为常地写起自己的旅行日记，工程师则独自徜徉在街头，忽然，他耳边传来一位老妇人的叫卖声："卖猫啊，卖猫啊！"

工程师一看，在老妇人身旁放着一只黑色的玩具猫，标价500美元。这位妇人解释说，这只玩具猫是祖传宝物，因孙子病重，不得已才出卖以换取住院治疗费。工程师用手一举猫，发现猫身很重，看起来似乎是用黑铁铸就的。不过，那一对猫眼则是珍珠的。

于是，工程师就对那位老妇人说："我给你300美元，只买下两只猫眼吧！"

老妇人一算，觉得行，就同意了。工程师高高兴兴地回到了宾馆，对逻辑学家说："我只花了300美元竟然买下两颗硕大的珍珠！"

逻辑学家一看这两颗大珍珠，少说也值上千美元，忙问朋友是怎么一回事。当工程师讲完缘由，逻辑学家忙问："那位妇人是否还在原处？"

工程师回答说："她还坐在那里。想卖掉那只没有眼珠的黑铁猫！"

逻辑学家听后，忙跑到街上，给了老妇人200美元，把猫买了回来。工程师见后，嘲笑道："你呀，花200美元买个没眼珠的铁猫！"

逻辑学家却不声不响地坐下来摆弄琢磨这只铁猫，突然他灵机一动，用小刀刮铁猫的脚，当黑漆脱落后，露出的是黄灿灿的一道金色的印迹，他高兴地大叫起来："正如我所想，这猫是纯金的！"

原来，当年铸造这只金猫的主人，怕金身暴露，便将猫身用黑漆漆了一遍，俨然如一只铁猫。对此，工程师十分后悔。

此时，逻辑学家转过来嘲笑他说："你虽然知识很渊博，可就是缺乏一种思维的艺术，分析和判断事情不全面深入。你应该好好想一想，猫的眼珠既然是珍珠做成，那猫的全身会是不值钱的黑铁所铸吗？"

可见，缺乏创造性的思维联想将会带来多么大的损失，将会对个人的发展、事业的进取产生多么严重的影响。

一个城里男孩凯尼移居到了乡下，从一个农民那里花100美元买了一头驴，这个农民同意第二天把驴带来给他。

第二天，农民来找凯尼，说："对不起，小伙子，我有一个坏消息要告诉你，驴死了。"

凯尼回答："好吧，你把钱还给我就行了。"

农民说："不行，我不能把钱还给你，我已经把钱给花掉了。"

凯尼说："OK，那么就把那头死驴给我吧。"

农民很纳闷："你要那头死驴干吗？"

凯尼说："我可以用那头死驴作为幸运抽奖的奖品。"

农民叫了起来："你不可能把一头死驴作为抽奖奖品，没有人会要它的。"

凯尼回答："别担心，看我的。我不告诉任何人这头驴是死的就行了。"

一个月以后，农民遇到了凯尼，农民问他："那头死驴后来怎么样了？"

凯尼说："我举办了一次幸运抽奖，并把那头驴作为奖品，我卖出了500张票，每张2块钱，就这样我赚了998块钱。"

农民：“哇！那群人没有把你打死？”

凯尼骄傲地回答：“只有一个人会来打我，就是那个中奖的。所以我把他买票的钱还给他就没事了！”

许多年后，长大了的凯尼成为了安然公司的总裁。

思维的独创性是创造思维的根本特征，创新就是要敢于超越传统习惯的束缚，摆脱原有知识范围的羁绊和思维过程的禁锢，善于把头脑中的已有信息重新组合，从而发现新事物，提出新见解，解决新问题，产生新成果。这样的突破常规的例子数不胜数。

成功的路上需要你的思考

毫无疑问，一个会动脑筋思考的人总能把握住机会，并妥善地解决问题，成功离不开睿智的创意。

让自己比别人多想一点，让自己的思维与众不同，也许我们想出来的就是一个无与伦比的好点子！很显然，如果人的思维开阔，会从多角度去思考问题，就很容易找到解决问题的有效途径。

这是一个关于曲别针的用途的故事：

在一次有许多中外学者参加的旨在开发创造力的研讨会上，日本一位创造力研究专家应邀出席了这次活动。

在这些创造思维能力很强的学者同仁面前，风度潇洒的村上幸雄先生捧来一把曲别针（回形针）：“请诸位朋友动一动脑筋，打破框框，看谁说出这些曲别针的用途，看谁创造性思维开发得好、多而奇特！”

不久，来自河南、四川、贵州的一些代表踊跃回答着：“曲别针可以别相片，可以用来夹稿件、讲义。”“纽扣掉了，可以用曲别针临时钩起……”他们七嘴八舌，大约说了二十几分钟，其中较奇特的是把曲别针磨成鱼钩去钩鱼，大家一阵大笑。

村上对大家在不长时间讲出好几十种曲别针的用途很称道。人们问：“村上，您能讲多少种？”

村上莞尔一笑，伸出3个指头。

“30种？”

村上摇头。

“300种？”

村上点头。人们惊异，不由地佩服这个聪慧敏捷的思维。众人都拭目以待。

村上紧了紧领带，扫视了一眼台下那些透着不信任的眼神，用幻灯片映出了曲别针的用途……

这时，中国的一位以“思维魔王”著称的怪才——许国泰先生向台上递了一张纸条，人们对此十分惊奇。

“对于曲别针的用途，我能说出3000种、30000种！”

邻座对他侧目：“吹牛不上税，真狂！”

第二天上午11点，他“揭榜应战”，轻松地走上讲台，走上了讲台，他拿着一支粉笔，在黑板上写了一行字：村上幸雄曲别针用途求解。

原先不以为然的听众被吸引过来了。

“昨天，大家和村上先生讲的用途可用4个字概括，这就是钩、挂、别、联。要启发思路，使思维突破这4种格局，最好的办法是借助于简单的形式思维工具——信息标与信息反应场。”

他把曲别针的总体信息分解成重量、体积、长度、截面、弹性、直线、银白色等10多个要素，再把这些要素用根标线连接起来，形成无数条信息连线。

然后，再把与曲别针有关的人类实践活动要素进行综合分析，连成信息标，最后形成信息反应场。

这时，借助于现代的思维之光，超常思维使这枚平常的曲别针，马上变成了孙悟空手中的金箍棒，神奇变幻而富于哲理。

他从容地将信息反应场的坐标不停地组切交合。

通过两轴推出一系列曲别针在教学中的用途，把曲别针分别做成阿拉伯数字，再做成“+、-、×、÷”的符号，用来进行四则运算，运算出数量，就有一千万、一万万……

曲别针可做成英、俄、希腊等外文字，用来进行拼写读取；

曲别针可以与盐酸反应生成氢气，可以用曲别针做指南针；

曲别针是由铁元素构成，铁与铜化合是青铜，铁与不同比例的几十种金属元素分别化合，生成的化合物则是成千上万种……实际上，曲别针的用途几乎近于无穷！

他在台上讲着，台下一片寂静。参会的人们被思维“魔球”深深地吸引着。驰名中外的科学家温元凯高兴地说：“高明，简直是点金术。”

此时，再也没有人说曲别针有3000种、30000种用途是吹牛，而是对这种新的开发思路感到了新奇，普遍陷入打破了原有的思维格局的沉思……

这是一个开发创造性思维的小游戏，这个游戏的规则就是以“曲别针”为对象打开想象的闸门，绞尽脑汁地去想象曲别针到底有多少种用途。每人至少要想象出50种以上。做完这个游戏后，我们会感到很有趣味，这就是我们创维性思维潜能得到开发的结果。

这种思维特点，它含有严肃的美学思考内容和经济学内容，特别是对于创造者可提供一种全新的思考方式。升级我们的思考，升级我们的行动，培养有益的思维习惯，这样我们就会走向成功之路。

第六章

拥有正能量，你就可以战胜自己

人生是一个不断战胜自己，从而达到新的目标的过程。人生要想精彩就要无数次战胜自己。运用正能量，每一天都能战胜昨天的自己，每一天的你都会成长。因为战胜自己的过程可以使一个人成长起来，战胜自己的过程可以使一个人发觉自己身上的无限潜能，战胜自己的过程可以使一个人意识到自己的重要性。

善于指挥自己，你就是强人

美国从事个性分析的专家罗伯特·菲利浦有一次在办公室接待了一个因企业倒闭而负债累累的流浪者。

罗伯特从头到脚打量眼前的人：茫然的眼神、沮丧的心态、十来天未刮的胡须以及紧张的神态。专家罗伯特想了想，说："虽然我没有办法帮助你，但如果你愿意的话，我可以介绍你去见本大楼的一个人，他可以帮助你赚回你所损失的钱，并且协助你东山再起。"

罗伯特刚说完，他立刻跳了起来，抓住罗伯特的手，说道："看在老天爷的份上，请带我去见这个人。"

罗伯特带他站在一块看来像是挂在门口的窗帘布之前，然后把窗帘布拉开，露出一面高大的镜子，他可以从镜子里看到他的全身。罗伯特指着镜子说："就是这个人。在这个世界上，只有这个人能够使你东山再起，你觉得你失败了，是因为输给了外部环境或者别人了吗？不，你只是输给了自己。"

流浪者朝着镜子走了几步，用手摸摸他长满胡须的脸孔，对着镜子里的人从头到脚地打量了几分钟，然后后退几步，低下头，哭泣起来。

几天后，罗伯特在街上碰到了这个人，他不再是一个流浪汉的形象，而是西装革履、步伐轻快有力、头抬得高高的，原来那种衰老、不安、紧张的姿态已经消失不见了。

后来，那个人真的东山再起，成为芝加哥的富翁。

就像故事中的主人公一样，人生在世，要战胜自己很不简单，一般人得意时忘乎所以，失意时自暴自弃；人家看得起时觉得自己很成功，落魄时觉得没有人比他更倒霉。唯有不受成败得失的左右、不受生死存亡等有形无形的情况所影响，纵然身体受到束缚，却能让心灵自由，才算战胜自己。

人的一生总是在适应着自然环境、社会环境、家庭环境，因此，有人形容人生如战场，勇者胜而懦者败；从生到死的生命过程中，所遭遇的许多人、事、物，都是战斗的对象。其实，自己的心念才是最顽强的敌人。

莎士比亚曾说："假使我们自己将自己比作泥土，那就真要成为别人践踏的东西了。"

其实，别人认为我们是哪一种人并不重要，重要的是我们是否肯定自己；别人如何打败我们，并不是重点，重点是我们是否在别人打败我们之前就先输给了自己。很多人失败，通常是输给自己，而不是输给别人。因为自己如果不做自己的敌人，世界上就没有敌人。

自己肯定自己，是一种意志的胜利；

自己征服自己，是一种灵魂深处的提升；

自己控制自己，是一种理智的成功；

自己创造自己，是一种心理境界的升华；

自己超越自己，是一种人生的成熟。

凡是能够肯定自己、征服自己、控制自己、创造自己、超越自己的人，就具备了足够的力量战胜事业和生活中的一切艰难、一切挫折、一切不幸。

知道该如何掌控自己

美国《运动画刊》上登载了一幅漫画，画面是一名拳击手累瘫在练习场上，标题为《突然间，你发觉最难击败的对手竟是自己》。这个标题实在耐人寻味。

在剑桥有一名学业成绩优秀的毕业生去报考一家大公司，考试结果名落孙山。这位青年得知这一消息后，深感绝望，顿生轻生之念，幸亏抢救及时，自杀未成。不久传来消息，他的考试成绩名列榜首，是统计考分时，电脑出了差错，他被公司录用了。但很快又传来消息，说他被公司解聘了，理由是一个人连如此小小的打击都承受不起，又怎么能在今后的岗位上建功立业呢？

这个青年虽然在考分上击败了其他对手，可他没有打败自己心理上的敌人，他的心理敌人就是惧怕失败，对自己缺乏信心，遇事自己给自己制造心理上的紧张和压力。

世上没有绝对完美理想的人，当然也很少有绝对不可救药的人，每一个人的性格中都或多或少地存在着上述的矛盾。这些矛盾，在我们遇到一件事情，需要我们采取行动去应付的时候，就往往会同时出现。而当它们同时出现的时候，也就是我们开始彷徨困惑、痛苦不堪的时候。我们怎样决定，完全看这两种矛盾的力量是哪一边战胜。如果是积极和光明的一边战胜，我们就走向成功；如果是消极和黑暗的一边战胜，我们就走向失败。

战胜自己不是一件容易的事，它需要很大的勇气与坚定的信念。想一想看，我们战胜自己的次数多吗？还是否时常姑息纵容了自己？

一个人，如果他勤奋，那必定是他战胜了自己的懒惰。懒惰是我们最难克服的一个敌人。许多本来可以做到的事，都因为一次又一次的懒惰拖延而把成功的机会错过了。

要知道，我们有时痛苦困扰、犹豫不安，那只是因为我们心情上有两种相反的力量在相持不下。让我们明智一点，早做抉择，我们就觉得生活的面目豁然开朗起来了。

勤奋与懒惰，清醒与执迷，并不是距离遥远的两极，而只是薄薄的剃刀的两面，其间只有一刃之隔。翻过这一刃之隔，便是勤奋与清醒；留在那边，便是懒惰与执迷。要不要翻过，只在短短的一念之间。

如果我们决心清醒，我们便可以清醒；如果我们决心执迷，我们就将继续执迷。这“决心”的实现，不在我们能不能，而在我们肯不肯。

生活充满希望，不要轻易绝望

一支小分队在一次行军中突然遭到敌人的袭击，混战中，有两位战士冲出了敌人的包围圈，结果却发现进入了沙漠。走至半途，水喝完了，受伤的战士体力不支，需要休息。于是，同伴把枪递给伤员，再三吩咐："枪里还有五颗子弹，我走后，每隔一小时你就对空鸣放一枪。枪声会指引我前来与你会合。"说完，同伴满怀信心地找水去了。躺在沙漠中的伤员却满腹狐疑：同伴能找到水吗？能听到枪声吗？会不会丢下自己这个"包袱"独自离去？

暮色降临的时候，枪里只剩下一颗子弹，而同伴还没有回来。受伤的战士确信同伴早已离去，自己只能等待死亡。想象中，沙漠里秃鹰飞来，狠狠地啄瞎了他的眼睛、啄食他的身体……结果，他彻底崩溃了，把最后一颗子弹送进了自己的太阳穴。枪声响过不久，同伴提着满壶清水，领着一队骆驼商旅赶来。然而，他看到的却是一具尚有余温的尸体……

那位战士冲出了敌人的枪林弹雨，却死在了自己的枪口下，让人扼腕叹息之余不免警醒：不要轻易地对生活绝望，只要我们不放弃希望，不放弃努力，就有获得重生的机会。

有时，面对困难，我们常常退缩，理由是困难太大；面对竞争，常常逃避，理由是对手太强；面对责任，我们常常推卸，理由是担子太重；面对坎坷，我们常常……不错，人生给我们的太多太多，而我们用以逃避的理由也同样太多太多。我们为什么不敢正视这一切？是因为我们无法战胜自己内心的种种怯弱、担忧、自卑以及恐惧。

人的本性是这样的，人的本性注定我们的内心有许多的不坚强；自己，往往是最可怕的对手，是最无底的沟，是最看不透的迷雾。为了成功，我们必须战胜自己，自己是通往成功的最后一道屏障。

想想历史上伟大的人物和那些有建树的人们，哪一个不是对自己信心十足，具有顽强毅力的呢？如果爱迪生因为一次次的失败而灰心了，那么他还能成为举世闻名的发明大王吗？如果爱因斯坦因为别人的嘲笑而放弃了自己的信念，那么他还能发现光电效应并写出《相对论》，成为诺贝尔物理奖的获得者吗?

让我们记住这句话：“战胜自己，我便是强者。”当我们遇到挫折或身处逆境，都应该顽强拼搏，有战胜困难的自信和勇气，那样的人，就是一个强者，一个谁都打不败的强者。

只有自己才能战胜自己

这个世界上谁是真正能够打败你的人？唯有我们自己。

我们奋斗在人生的旅途中，我们不能轻易服输，相信只要自己努力就没有什么战胜不了的。然而，太多的时候，面对恶劣的环境，面对天灾人祸，面对重重的困难和挫折，是我们在心理上首先否定了自己，因而选择了放弃，选择了失败。

古希腊有一位演说家，起初他由于口吃，常常被对手反驳得无还击之力而遭到别人的嘲笑。也许，有很多人会说这是他自己的能力无法达到的，放弃才是明智的选择，然而，就是这位演说家，每天清晨坚持演说，经过不懈的努力，他成为了当时最为著名的演说家。

由此可见：天生的不足，别人的嘲笑，以及种种的理由，都不是阻碍我们成功的荆棘，唯有自己为了安稳享乐，为了蝇头小利，为了达到暂时的满足，而放弃了坚持、奋争，才会让我们永远地无法超越。

朋友们，我想大家都知道海伦，都知道爱迪生，也知道卧薪尝胆的故事，不错，古往今来，无数的成功者都是对“战胜自己”的最完美的诠释。如果我们还在退缩，请快点明白，战胜自己是如何紧迫；如果我们还在犹豫，请看看那些胜利者是如何一步步地走来；如果我们已经在向自己挑战，那就要坚持，成功最终会敞开胸怀的！

使人痛苦的原因有很多，或者来自感情生活的挫折或不幸；或者来自理想追求的挫折：或者来自丧失亲友的悲痛等等。无论由何种原因引起的痛苦，其共同的情绪体验是陷入情感上的悲哀、矛盾、忧虑而不能自拔。因此，要消除痛苦的情绪，首先必须战胜自己。

让自己陷入痛苦之中，对解决问题无任何裨益，会使情绪更糟糕。相反，学会劝慰自己，我们就会重新振作起来。

想要超越吗？那先超越自己

人有了信心，就会产生意志力量。人与人之间、弱者与强者之间、成功与失败之间最大的差异就在于意志力量的差异。人一旦有了意志的力量，就能战胜自身的各种弱点。

美国有位叫凯丝·戴莱的女士，她有一副好嗓子，一心想当歌星，遗憾的是嘴巴太大，还有龅牙。她初次上台演唱时，努力用上嘴唇掩盖龅牙，自以为那是很有魅力的表情，殊不知却给别人留下滑稽可笑的感觉。有位男听众很直率地告诉她："龅牙不必掩藏，你应该尽情地张开嘴巴，观众看到你真实大方的表情，相信一定会喜欢你的。也许你所介意的龅牙，会为你带来好运呢！"

一个歌唱演员在大庭广众之下暴露自己的缺陷，首先是要用理智说服自己，还要有勇气打败自己。凯丝·戴莱接受了这位男听众的忠告，不再为龅牙而烦恼，她尽情地张开嘴巴，发挥自己的潜能和特长，终于成为美国影视界的大明星。

世界著名的游泳健将弗洛伦丝·查德威克，一次从卡得林那岛游向加利福尼亚海湾，在海水中泡了16小时，只剩下一海里时，她看见前面大雾茫茫，潜意识发出了"何时才能游到彼岸"的信号，她顿时浑身困乏，失去了信心。于是她被拉上小艇休息，失去了一次创造纪录的机会。事后，弗洛伦丝·查德威克才知道，她已经快要登上了成功的彼岸，阻碍她成功的不是大雾，而是她内心的疑惑。是她自己在大雾挡住视线之后，对创造新的纪录失去了信心，然后才被大雾所俘虏。过了两个多月，弗洛伦丝·查德威克又一次重游加利福尼亚海湾。游到最后，她不停地对自己说："离彼岸越来越近了！"潜意识发出了"我这次一定能打破纪录"的信号，顿时浑身来劲。最后，弗洛伦丝·查德威克终于实现了目标。

战胜自己就是创造一个崭新的自己，而不是走向倒退。蝌蚪恨自己不能像鸟儿一样在陆地上蹦跳唱歌，就努力张出四肢，忍痛割掉自己的尾巴，变成了一只青蛙，这是进步。然而，蛹虫羡慕蝴蝶的飞舞与美丽，脱掉外衣，走出躯壳，却变成了一只祸害庄稼的飞蛾。还有，传说海狮的祖先曾是狮子中的一种，它生长于大山之中，却梦想海洋的生活，终于演变成海洋大家庭的一员，可它往日的威风和凶猛却荡然无存，只留下了几根像猫一样的长胡须。这不是生物的进化，而是生物的倒退，这种否定方式是不可取的。

当我们需要勇气的时候，就能战胜自己的懦弱；

当我们需要勤奋的时候，就能战胜自己的懒惰；

当我们需要廉洁的时候，就能战胜自己的私欲；

当我们需要谦虚的时候，就能战胜自己的骄傲；

当我们需要宁静的时候，就能战胜自己的浮躁。

希望存在于你的抗争之中

有两个人同时到医院去看病，并且分别拍了X光片，其中一个原本就生了大病，得了癌症，另一个只是做例行的健康检查。

但是由于医生取错了照片，结果给了他们相反的诊断，那一位病况不佳的人，听到自己的身体已恢复，满心欢喜，经过一段时间的调养，居然真的完全康复了。

而另一位本来没病的人，经过医生的宣判，内心起了很大的恐惧，整天焦虑不安，失去了生存的勇气，意志消沉，抵抗力也跟着减弱，结果还真的生了重病。

看到这则故事，真的是令人哭笑不得，因心理压力而得重病的人是该怨医生还是怨自己呢?

乌斯蒂诺夫曾经说过：“自认命中注定逃不出心灵监狱的人，会把布置牢房当作唯一的工作。”

以为自己得了癌症，于是便陷入不治之症的恐慌中，脑子里考虑得更多的是“后事”，哪里还有心思寻开心，结果被自己打败。而真的癌症患者却用乐观的力量战胜了疾病，战胜了自己。

在不断的生活斗争中，每一个人都会陷入成功与失败的旋涡中，在不断挣扎与抗争中，成功者选择自己拯救自己，失败者相信神会眷顾他，当他这个信念与现实不符时，最终他会选择自我迷茫。

在不断与生活进行着抗争时，只有自己能拯救自己，只要有一丝的抗争勇气，就有一丝的成功希望。自人类出现以来，我们就不断地在与大自然进行着斗争，与其说是适者生存，还不如说是在这场斗争中，胜利的是人类。

在崎岖的生活之路上，我们需要不断地与环境斗争。其实，敌人已经就是那样，关键在于你是否已经从心底否定了自己，要是这样，再舒适的环境也不会造就一个成功者。

更多的时候，人们不是败给外界，而是败给自己。俗话说："哀莫大于心死"，绝望和悲观是死亡的代名词，只有挑战自我、永不言败者才是人生最大的赢家。

战胜自己就是最大的胜利。与其说是战胜了疾病，不如说是战胜了自己。工作不顺利时，我们常常会找种种借口，认为是领导故意刁难，把不可能完成的工作交给自己；认为最近健康状况欠佳，才导致效率不高……心想偷懒，还把偷懒理由正当化，总认为期限还有三天，明天、后天再拼，今天不妨放松一下。

实际上，战胜困难要比打败自己相对容易，所以有人说"我"是自己最大的敌人。战胜自己靠的是信心，人有了信心就会产生力量。

充满激情，收获乐观和快乐

人基本上可以分为两种：乐观的和悲观的。平庸的人往往缺乏自信，而自己不相信自己、自己看不起自己的人，对自己的前途一般都会感到悲观失望。

这些人往往会为自己吃不开寻找一个开脱的理由："我的运气不好"、"我没有一个好爸爸"、"我家住在黄土高坡"。久而久之，甚至对自己也产生了怀疑："我不太精明"、"我不够漂亮"、"我不够好"、"谁都比我强"、"我这辈子可惨了"。自己对自己的蔑视是成功与失败的一道分水岭。

人只要产生了以上这种悲观失望的情绪，那么他对生活、对工作就会缺乏兴趣和激情，而激情又是催人奋发向上的一种动力。一个人在社会上有没有作为，首先要看有没有激情。

如果一个人悲观失望，成天无精打采、心神恍惚，虽然并没有受到重大打击，但就是不能进入状态，难得看到他眉飞色舞的样子，更别指望他能感染旁人。他总是按部就班，很难出大错，也绝不会做到最好。这样的人，能想象他冒风险、顶压力、克服种种困难、领导一个团队创业成功吗？

没有激情就无法兴奋，就不可能全心全意地投入工作，不可能创造性地解决工作中的难题，更不可能有创业的力量和勇气，要成为团队的领袖，更是妄想。

可以说，缺乏激情的人，如果他的生活不景气，那就是命中注定的。

大部分平庸的人不能说没有一点激情，但是他的那一点点激情总是消耗在太具体的事情上：上司表扬了，他会激动；商店打折了，他会激动；电视剧里破镜重圆了，他的眼泪一串串地往下流。这种激情只是一种短暂的情绪，而不是一种催人奋发上进的动力，要想靠这一丁点的激情干一番事业，有所作为，可以说很不现实。

当我们有困惑的时候并不可怕，怕的是找不到钥匙而变得心凉；当我们在情感的路上遇到挫折并不可怕，怕的是因此而变得意志消沉；当我们遇到天灾人祸时并不可怕，怕的是因此而沉溺。只要我们有激情，只要我们有信心，再大的困难也过关，因为我们有一颗激情燃烧的心！

为自己喝彩，我是最棒的

有一位美国作家，他是靠着为报社写稿维持生活的。他给自己定了一个目标。每周必须完成两万字。如果达到了这一目标，他就到附近的餐馆饱餐一顿作为奖赏；如果超过了这一目标，还可以安排自己去海滨度周末，在海滩大声为自己鼓掌、喝彩。于是，在海滨的沙滩上，常常可以见到他自得其乐的身影。

作家劳伦斯·彼德曾经这样评价一些著名歌手：为什么许多名噪一时的歌手最后以悲剧结束一生？究其原因，就是因为，在舞台上他们永远需要观众的掌声来肯定自己，需要别人为自己喝彩。但是由于他们从来不曾听到过来自自己的掌声和喝彩声，所以一旦下台，进入自己的卧室时，便会备觉凄凉，觉得听众把自己抛弃了。他的这一剖析确实非常深刻，也值得深省。

我们鼓励所有人给自己鼓掌，为自己喝彩，绝不是叫他自我陶醉，而是为了让他强化自己的信念和自信心，正确地评估自己的能力。

当我们取得了成就、做出了成绩或朝着自己的目标而不断前进的时候，千万别忘了给自己鼓掌，为自己喝彩。当我们对自己说“你干得好极了”或“真是一个好主意”时，我们的内心一定会被这种内在的诠释所激励。而这种成功途中的欢乐确实是很值得我们去细细品味的。

人生来就需要得到鼓励和赞扬。许多人做出了成绩，往往期待着别人来赞许。其实光靠别人的赞许还是不够的，何况别人的赞许会受到各种外在条件的制约，难以符合我们的实际情况或满足我们真正的期盼。如果要克服自卑感，增强自己的自信心和成功信念，那么就不妨花些时间为自己喝彩。

一个不信任自己的人、一个悲观处世的人、一个只是把自己的成果当作侥幸的人，不可能成为吃得开的成功者。生活中，一个成功者要善于爱护和不断地培育自己的自信心，这些人懂得如何“给自己鼓掌”。

人生的字典中没有“投降”二字

清晨，一个士兵正端着枪巡逻，当他转过城堡的拐角时，迎面撞上一个也端着枪的士兵，从装束上很容易看出，那正是敌军的士兵。两人相距只有不足两米远，他们几乎同时将枪口对准了对方的胸膛。

这么近的距离，不管谁先开枪，打死对方的同时，自己肯定也会被对方打死，动起手来只能是同归于尽，要想保住性命，就需有一方投降。

这是一场意志力的对抗。双方就这样无声地对视着。

他们对峙的时间只有十几秒，但他们都感觉时间是那么地漫长。

这名士兵咬紧了牙关，他的头脑里只有一个念头：必须有一方投降，但投降的绝不是我！

他看见自己的敌人先是呼吸急促，然后是大汗淋漓，接着是双手失控——枪掉到了地上，最后是腿软绵绵地跪在了地上，举起了双手。

很多时候，我们面对的并不是你死我活的敌人，而是我们自己的妥协。对于我们心中的妥协意念，绝对不能投降。你投降了，妥协就占据了上风。不认输、不放弃是一种强烈的获胜信念。信念是一种巨大的动力，它可以推动我们去做别人认为不可能成功的事情。生命是一艘巨轮，只要我们的信念不沉没，我们的船就永远不会沉没。

几千年来，人们一直认为要在4分钟跑完1英里是一件不可能的事。但在1954年，著名的短跑名将罗杰·班纳斯特却做到了。

他之所以能创造这项佳绩，一是得益于体能上的苦练，二是归功于他精神上的突破。在此之前，他曾在脑海里多次模拟4分钟跑完1英里，长久下来便成为一种强烈的信念，因而对神经系统犹如下了一道死命令，必须完成这项使命。

他果然做到了大家认为不可能成功的事。谁也没有想到，在班纳斯特打破纪录的第二年里，竟然有近400人先后也都达到这项纪录。

在对有价值的目标的追求过程中，充满着各种令人沮丧和感到危险的磨砺。假如我们身陷不测，与强盗、歹徒展开生死搏斗，只有把他打倒，我们才能够活命。那么，这时，我们不可能再去请教拳击教练、柔道专家，我们唯一能做的就是舍命拼搏，而往往会取得胜利。

毫无疑问，一个想要拥有成功的年轻人，倘若没有一股不服输、永不放弃的信念，不能冲破一切障碍，那他终究只能是个失败者。

没有人能够击败你，除了你自己

有位名人说过："一个人在比较了自己与别人的力量和弱点之后，如果仍然看不出差别的话，那么他将很容易被他的敌人打败。"

穆罕默德·阿里，美国职业拳击运动员，有"拳王"之称。1981年阿里告别拳坛，一年后，40岁的他被确诊患帕金森氏症，并出现了语言和行动上的障碍。但他永不屈服的精神鼓励他站了起来，并担当了联合国和平大使，他经常拖着病体前往战乱与冲突地区，倡导和解，呼吁和平。世人在为这种精神折服的同时，也对是什么一直支撑着他，让他有了无数的胜利，而后来又会战胜恐怖的病症感到惊奇。其中的答案在阿里的自述中得到了充分地解释。

在阿里的人生信条中，一直支撑他取得胜利的是这样一句话："我绝不会失败，除非我确信自己已经失败了。"

在无数的拳击比赛中，阿里始终把自己看作是最强大的，只要自己相信自己会胜利，那么，没有人会击败我。这种信念在他12岁的时候已经形成。在阿里的自述中有这样一段：我在12岁的时候是个爱说大话的人，让父母感到很头痛。我穿着"金手套"夹克乱逛，趾高气扬，说大话，进行拳击攻防练习。那时是20世纪50年代，我喜欢说大话，当时在肯塔基州的路易斯维尔，人们认为年轻黑人不应该是这样的。

那是在我去摔跤场观看戈尔热·乔治（美国职业摔跤运动员，将摔跤与表演相结合，成功取得票房佳绩）表演前后。他当时是个大人物，是一位白人摔跤手，他更多的时间是在摔跤场上进行表演而不是真正进行摔跤比赛。他着盛装出场，不断地拿观众打趣。"不要弄乱我漂亮的头发，我很可爱。"他一边说一边神气活现地在舞台上走过来走过去。他披着一件很大的红色斗篷，黄色的头发吹得高高的。"不要弄乱我漂亮的头发，"他反复地嚷着，观众则发出一阵阵嘘声。我当时注意到摔跤场里座无虚席。观众嘘得越厉害，他卖出去的票就越多。

我回家后更加趾高气扬，更加自吹自擂，更加爱说大话了。我可怜的父母感到更加不安了。我在对假想的对手练习拳击的时候总爱说："我将成为最出色的拳击手。"直到现在，我自己的公司就叫G.O.A.L.公司，意思是"最出色的"公司。我在12岁时就知道我将成为最出色的拳击手。

在我的每一场业余拳击比赛中，我总是机动防守，猛击对方并最后获胜。我拍着胸脯，吹嘘自己多么出色，我一直都知道，我比戈尔热·乔治可爱得多。我还知道，我能比那个摔跤手卖出更多的票。

我并不孤独，很多同学都参加学校的拳击训练，我们总是谈论谁将成为下届拳击冠军。有一位教师认为我是个说大话的人。她看不起我们，好像很讨厌我们这些自信心十足的拳击手。她根本不相信我们的潜力。我一直认为她是那种没有头脑的人。有一天我们正在走廊里比划着拳击姿势，她走过来，眼睛直盯着我说："你永远不会有出息的。"

17岁的时候，我在路易斯维尔戴上了金手套。第二年，我在1960年罗马奥运会上夺得金牌。我成了全世界最出色的拳击手！回家后我做的第一件事情是走进那位教师上课的教室。我问她："还记得你说我永远不会有出息的话吗？"

她看着我，一副吃惊的样子。

"我是世界上最出色的拳击手。"我一边说一边抓着系金牌的绸带在她面前晃动。说完就把金牌放进口袋，然后头也不回地走出那间教室。那个怀疑我潜力的教师使我发誓要成为最出色的拳击手。我在12岁时就知道我会成为最出色的拳击手。

追忆阿里的某些特点，他的生活与言谈给我们很多启示。他并没有贮藏任何过去的东西——既没有在他的办公室里存留，也没有在他的记忆里保存。他对未来一无设想——既没有考虑他该为别人做些什么，也没有打算让别人为他做些什么。

他曾经说："我绝不会失败，除非我确信自己已经失败了。我遇见一些强壮粗野的人，可我在他们面前缺少应变的技巧。他们认为他们已经打败了我。此事公之于众，发表在杂志上。我就以这种方式被打败了，在所有人的眼中失败了。可能就输在十几行不同的报纸消息上。有关我的传说表明我已负债累累，收支亏空很大，并且因此赶走了我的对手。我的家庭情况可能不太妙。我们这些人都有些病态、丑恶、卑贱，而且名声不好。我的孩子情况可能会更糟。我看来也在失信于我的朋友和顾客。这就是说，在所有经历过的对抗中，我一直未能真正地武装起来，以便对付那场特殊的比赛。于是，我被历史击败了。可是我知道，一直知道，我绝没有输给别人，甚至都未曾打过那场比赛。当我的时刻到来之时，我一定会奋起迎战，并且击败对手。"

其实，人生何尝不是如此呢？我们的一生会出现无数个对手，他们会用各种方式向我们挑战，但到了最后，失败的心理往往是从自己的心中开始的。

自律能力使人有自知之明，完善自我。因此，要想不败于自身就要经常自省，善于自制和慎独，慢慢培养下来，养成习惯，最后定能战胜自我。

第七章

拥有正能量，你的人气才会高

一个人缘好、有声誉的人，就是一个拥有正能量的人。这种人凡事都可以轻而易举地办成。反过来，那些自以为是的人就可能处处碰壁。虽然有的人好像天生就有处世能力，他们总能在事业上获得成功，在经济上找到财富，不过，大多数人并不是天生就有这种受人欢迎的个人魅力，他们需要付出许多努力来培养这种受人欢迎的魅力。

好的人缘也是生产力

进入一家公司以后，会与各式各样的人接触。例如上司、长辈、公司内相关部门的人，营业、财务等与对外工作有关的人，也会认识其他公司的人。

工作中认识的人听我们说话，给我们方便，多半是因为我们的业务关系和头衔，而不是针对我们个人。会和我们接近的通常是认为我们现在的地位“有利用的价值”。因此，当一个人不再有头衔的时候，人们会陆续地离他远去。这样的人际关系，是无法被称为“人脉”的。

无论是大企业的管理者，还是担任平凡工作的人，如果只是单纯工作上交往的对象，会因为人的调动或辞职，交往的关系就结束了。

于是，有的人认为，在公司里是无法创造人脉的。

但是，请你想一下：在街上突然有不认识的人和你说话，你一定会觉得怪怪的。可是如果是在工作场合见面，即使是第一次见面的人，也不会觉得奇怪。

只是单纯地因为“在公司上班”就可以轻松地和对方认识，因而在“公司”里上班，会为我们带来许多与他人交往的好机会。我们为什么不利用这种好机会呢？透过工作与人认识之后，你应该充分地发展你们之间的人际关系，借用这人脉对你的将来有很大的帮助。

例如，被客户的老板挖角，而到对方的公司去担任重要职务；担任营业员期间，受到客户的赏识而成为代理店的经理人；企划能力和营业能力被同行的老板赏识而被挖角。这些情况并不罕见。

现代社会是一个信息社会，无论你是干哪一行的，关系都是极其重要的。因此，从踏入职场的第一天起，就要有意识地培养、构建自己的关系网。有时候似乎无用的人也会发挥神奇的作用，所以不能随意放过任何一个关系。

很多人都以为跳槽后就可以与原单位道声“拜拜”，一走了之，“挥一挥手，不带走一片云彩”，这样做起来看似洒脱，其实你会无意之中丢失了许多让你今后受益的东西。因为你在一个单位工作过一段时间，可能你所得不多，但与不少的同事毕竟有种亲近感，甚至是好朋友，他们说不定在以后会对你有所帮助，你不妨把他们加入你的人力资源库。所以在你跳槽高就时，不妨珍惜这一机缘，而不要丢弃这份宝贵的财富。

要认识到在现代竞争社会里，拥有丰富的人力资源有助于你的事业运转自如，所以每当我们跳槽时，要有保护自己人力资源的意识，从过去的工作里淘出属于你的“金子”来。这样的话，你过去的时光就没有白白浪费，你即使是空着两手走出原单位的大门，但你已经带走了一份很有价值的财富。

建立好公司内部的关系网，其中很重要的一条就是要主动参加公司的各项活动。如果你想接近某个同事，了解这个集体，最好的办法也许就是参加公司组织的各种活动，比如会餐、郊游、野营等。在那里，人们会脱下紧绷绷的外壳，在相对放松的状态下讲述自己的苦乐，你会听到真实的抱怨、真诚的赞誉，包括客观的评价，你也会发现谁和谁走得近，谁和谁走得远。只要你摆正心态，具备明辨是非的基本能力，你就会发现谁可能成为你的朋友。

当人们在办公室里忙碌奔波时，人们的思想与活动大都被严格地禁锢在本职工作的范围之内。当人们走出写字楼，到一个全新的环境中，就会发现原来需要放松的并不只有我一个。我们会听到许多工作中听不到的东西，即使与我们并无利害关系，只要有机会，我们还是会有兴趣地仔细聆听。与同事闲聊可以帮你跳出平常的一亩三分地，让你对公司有一个更为全面的了解。

工作上的交往并不是私人的交往。而如果从工作上的交往发展为私人关系，也未尝不好。在同一家公司上班的同事结婚的例子也不少。在职场中每天见面，一起工作，而非常了解这个人的人格，比较不容易看错人。

阿彤在大学里学的是新闻，目前在一家广告制作公司任职。在公司的客户名单中，有一些是本地非常大的集团，每年的广告投入非常庞大。阿彤明白，这些客户资源是非常宝贵的。他在和这些高端客户的交往中，不仅掌握各客户对广告的要求和一些广告制作的流行趋势，而且也有意识地和他们建立了不错的交情。他积极地参加客户公司的互动活动，争取一切和他们增加情谊的机会。

公司的老总和一些同事在广告方面做得非常出色，可以预见的是，他们在未来必将有更大的作为。于是，在加强“外交”的同时，阿彤也非常注重和“内部人士”的沟通。因为他相信日久见人心，现在的真心付出会博得恒久不变的和睦关系。

这样的广告公司，人员的流动性很大，阿彤并不期望在这里长久地待下去。但是他明白，“人缘也是生产力”，良好的人缘和庞大的交际圈会给未来的事业开拓注入强大的支持。

人缘也是生产力，这句话说得一点没错。今天的努力会在明天收获丰硕的成果，良好的人缘关系也是实力积累的表现。所以，对内、对外都要保持良好的关系，这是人格魅力的展现，也是积蓄资源的最好方式。

做人要求真，才能受欢迎

社会上不乏虚伪之人。他们把真诚的技巧看成是蒙骗对方并谋取私利的一种手段。历史上那些打算给正直的君王戴高帽子的奸臣，正是因为伪装成一副正人君子、心口如一的样子，其见不得人的勾当才能得逞。但是，虚伪、伪装的东西是绝对禁不起时间的检验的，迟早会被人识破。所以，一个人若染上了这种毛病，也就注定了他失败的命运。

做人要求真。我们之所以追求代表真实的人和事物，因为它代表着最崇高的美德——诚实与正直。

美国著名的行为科学家丹尼斯·韦特莱博士说，所谓“因果定律法则”，无非是一个人的诚实与否经过一段时间后所显示出来的结果。一个人不能诚实地面对自己，就无法真正拥有成功。用蜡塑成的人或房子在某些情况下会融化。内心不诚挚的人，最终必将显露真面目。而一个人愿意把自己隐藏在内心深处的东西坦白地暴露给对方，就能很容易地走进对方的心灵深处。

大三下学期，甘伟找了一份家教工作，辅导一个公司经理的儿子。

每次上课之前，他都像老师一样，一丝不苟地备好课，认认真真地写教案。上课时间，不管刮风下雨、烈日酷暑，他都准时到达，从不延误。室友见他这么认真负责，都猜想他得到的报酬一定十分丰厚，没想到他说每小时才12元钱。大家一听，个个迷惑不解。有人说：“你怎么这么傻？教高三课程，每小时最少得20块钱。”

“这我知道，”甘伟平静地说，“但我觉得拿12元钱比较合理。如果家教效果不好，我也不好意思拿那么多钱；如果效果好，就当作我的一次社会实践。”

“他父亲是大经理，钱有的是，你有必要搞扶贫助教吗？”又有人劝告他。

“话虽这么说，但我是以一个大学生的身份去做家教，我首先就必须对得起大学生这个光荣的称号。如果我敷衍了事，那就损害了大学生的形象。”甘伟仍不改初衷。

在此后的三个月里，甘伟为他的学生精心设计复习方案，并耐心讲解辅导。他的学生也很争气，成绩逐步提高。

甘伟毕业后，被那个学生的父亲邀请到其公司工作，因为这位经理说公司需要甘伟那样不计回报、诚实做人的大学生。

本杰明·富兰克林说：“一个人种下什么，就会收获什么。”我们如果真诚地对待别人，别人也会真诚地对待我们。

真诚是财富，真诚是最宝贵的财富。在这方面进行投资的人，可以获得丰厚的回报。虽然没有谁必须做一个富人或做一个伟人，也没有谁必须做一个智者，但是每个人都必须做诚实的人。

和人接触，需要你有亲和力

某些人的人缘特别好，会特别吸引朋友，讨人喜欢，即使是第一次与人交往。这到底有什么秘诀？

对于这样的人，你不禁感叹地说："他把人吸引到自己身边了！"

这真是一句妙词，一语而言中。

人并非强迫他喜欢谁，他就喜欢谁。

也有这样一种人，也许他是我们当中最优秀的，但是我们不见得会愿意与他深交。如果要问理由，那只有一个：和他在一起觉得不自在。因为他所散发出来的优秀气质，让我们感到某种距离，感到某种压抑，感到自卑。即使这个人如何杰出，作为朋友，人们也会对他敬而远之。

下面列举的是一般正常人所共同需要的三大基本渴望。利用这三种方法，就能提高你的吸引力、亲和力，让你获得好人缘。

1. 容纳

容纳是人际关系的维生素。

每个人都希望自己完完全全地被接受，希望能够轻轻松松地与人相处。

在一般情况下和人相处时，很少有人敢于完完全全地暴露自己的一切。所以，若是能让我们轻松自在、毫无拘束，我们是极愿和他在一起的，也就是说，我们希望和能够接受我们的人在一起。

专门找人家错处而吹毛求疵的人一定不是个好亲人、好朋友。请不要设定标准叫别人的行动合乎自己的准则。请给对方一个自我的权利，即使对方有某些变态也无妨。

别要求对方完全符合自己的喜好以及行动完全符合自己的要求，要让你身旁的人轻松自在。

能接受任性、残暴的人往往具有带动他人向上的最大力量。一个原本脾气暴躁、动作粗鲁的人，在不知不觉中却变成了一个和善、可靠的市民，问他原因，他回答说："我的太太信赖我，她从不责备我，只是一味地相信我，使我不好意思不改变。"

某位心理学家说："要改变一个任性或残暴的人，除了对他表示好意，让他自己改变之外，再也没有其他更好的方法了。"

很多优秀的人往往能影响本质善良的人，接受他们，使他们更好。但是对于任性、残暴的人，他们往往束手无策。为什么呢？因为优秀的那群人根本不能接受粗暴的人，甚至于避之如蛇蝎，在感情上并不相通，这怎么能想象使对方变好呢？一位有名的精神科医生在谈到人际关系中的容纳问题时，他认为："如果大家都有容纳的雅量，那我们就失业了！精神病治疗的真谛在于医生们找出病人的优点，接受他们，也让病人们自己接受自己。每个人刚生下来都很轻松自在，同时暴露出恐惧与羞耻心。医生们静静地听患者的心声，他们不会以惊讶、反感的道德式的说教来批判。所以患者敢把自己的一切讲出来，包括他们自己能够感到羞耻的事与自己的缺点。当他觉得有人能容纳、接受他时，他就会接受自己，有勇气迈向美好的人生大道。"

2. 承认

每个人的第二渴望就是获得承认。

承认比容纳更深一层。容纳，实际上是消极的作法。我们容纳对方的缺点与短处，伸出热情的双手接受他们，这只是消极的做法。倘若是积极的做法，就是找出对方的长处，不光是停留在接受忍耐对方的缺点上。

人们都喜欢沐浴在承认的温馨之中，从这里也可发挥它的特性。

有一天，一位父亲带着自认为是无可救药的孩子到心理学家那里去。那个孩子已经被严重灌输了自己没有用的观念。刚开始，他一语不发，怎样询问、启发，他也绝不开口。心理学家一时之间也真是无从着手。后来，心理学家从他父亲所介绍的情况和所说的话里找到了医治的线索。而他的父亲坚持着说："这个孩子一点长处也没有，我看他是没指望，无可救药了！"

心理学家开始应用承认的方法，找出他的长处——孩子不可能没有任何长处。最终，他找到了这个孩子喜欢雕刻，甚至可以说在这方面具有很高的天赋，并颇有高手的意味。他家里的家具也被他刻伤，到处是刀痕，常常受到惩罚。心理学家买了一套雕刻工具送给他，还送他一块上等的木料，然后教给他正确的雕刻方法，并不断地鼓励他："孩子，你是我所认识的人当中最会雕刻的一位。

从此以后，他们接触得频繁起来。在接触中，慢慢地找出其他事项来承认他。有一天，这个孩子竟然不用别人吩咐，主动打扫房间。这个事情使所有的人都吓了一跳。心理学家问他为什么这样做？

孩子回答说："我想让老师您高兴。"

看来，被人承认是每个人所渴求的，而其实要满足这项欲望并不难。

你对一位电脑专家夸他眼光好，夸他善于看穿行情，洞穿下一步电脑发展的趋势，他可能不以为然，觉得你不过是在拍他的马屁而已。因为他并非只以一个成功的电脑专家自居。不过，换一个角度，你夸他做的家常菜十分有味道，也许他会乐昏了头。

称赞人的规则是：夸奖别人还没有显现出来的长处，才能使人快乐。每一个人一定都拥有不大为人所知的优点。为什么我们不去发掘这些尚不为人知的方面呢？

3. 重视

人所需要的第三个欲望是受人重视。

所谓的重视，就是提高价值。我们都要求别人能够重视自己的价值。

重视的反面就是轻视。

请别忘记人是世界上最尊贵、最重要的。为了表示我们对人家的重视，请注意以下的四种方法：

不要怠慢人；

对于不能立刻会面的拜访者，应尽早约他会面；

时时感谢别人；

对人"特别"招待。

美国前邮政部长詹姆士·法利是亲和力强、重视别人的人之中的一个杰出代表。

一个有趣的事例表明，法利先生是一个知道如何增强亲和力、让人喜欢自己的专家。那是发生在费拉德菲尔城举办的一次"读书和读者"会上的事。当法利先生和其他演讲者到宾馆去吃午饭的时候，他们在走廊遇到了推着餐车的女服务员；餐车上装载着桌布、毛巾和其他用具。他们绕过餐车走了进去，这位服务员丝毫没有注意到他们。这时，法利先生向她走了过去，并且伸出手说："嗨，你好，我是詹姆士·法利。能告诉我你的名字吗？很高兴认识你。"

当这群人走过大厅的时候，一些人回过头看了看那位女孩，她嘴巴张得大大的，显得十分惊讶，但是，她的脸上立即绽开了甜美的微笑。

这是一个在现实生活中取得成功的人士，在社交场合中平易近人，善于营造舒适、自然、轻松的气氛，拥有良好的人际关系的绝妙的例子。

每个人都认为自己是一个独特的个体，是一个"特别"的东西。所以我们要注意这点，承认每个人的独特的价值，然后给予重视，自然会赢得别人的真心微笑与亲近感。

卸下伪装，对人要真诚

摆谱本来是有权有势的人的做法，但在现实生活中，有的人也喜欢搞点花样摆门面，装出一副城府深的样子来唬人，借此表示自己比别人更"特殊"、更"高明"。这种人不管怎样故弄玄虚，别人一眼也能瞧出他究竟有几斤几两。他们越是摆谱，就越容易招致反感。

如果你现在还没成功，那就没有必要摆架子、装门面，放下身段，不要摆谱。

拿破仑莫斯科战败后被流放到地中海的厄尔巴岛。有一天，他与夫人路易莎一起到海港散步，正好遇到一群水手在卸货，水手们抬着沉重的东西嚷着："没看见我们正在卸货吗？让开！让开！"拿破仑躲避不及被重重地撞了一下。夫人几乎没有考虑，就脱口斥骂道："没长眼的东西，你们撞到的是法国皇帝！该当何罪？"

拿破仑马上拦住夫人，在她耳边说道："这些水手很辛苦，不要这样对待他们，再说我也并没有被撞得很痛。"

接着，拿破仑又吩咐随去的仆从去帮助水手卸货。拿破仑放下皇帝的身段，不计较水手的过失并热情地帮助他们。这种举动获得了水手的好感和爱戴，在水手的大力支持和帮助下，几年后，拿破仑又偷偷地潜回法国重新执掌了政权。

古今中外，成功的人无不把放下身段当作做人的第一要诀。

但是有的人就认识不到这一点，他们在取得了一点成绩或者当上了芝麻大小的官后，便不知天高地厚，不管在哪里都爱摆臭架子。这种现象在社会生活中随处可见，比如千金小姐不愿意和保姆同桌吃饭，博士不愿意当基层业务员，高级主管不愿意主动找下级职员交换意见，知识分子不愿意去做体力工作……他们认为："君子动口不动手"，如果那样做，就有损他们的身份。

过分看重"身段"、故意摆谱只会让路越走越窄；如果在非常时刻也放不下身段，那就会变得无路可走。比如说博士找不到合适满意的白领工作，又不愿意降格以求当业务员，那就只有挨饿了。

放下身段的人比放不下身段的人在生存竞争中至少可以增强两方面的优势：一方面，能放下身段的人，思考富有高度的弹性，不会固守刻板的观念，能及时吸收各种新颖的观念和信息，形成一个庞大而多样的信息库，从而积累起竞争的资本；另一方面，能放下身段的人能比别人早一步抓到好机会，也能比别人抓到更多的机会，因为他们没有身段的顾虑。

你如果想在社会上闯出一条路来，那么就必须要放下自己的身段，不要乱摆谱，也就是要放下你的学历，放下你的家庭背景，放下你的身份，让自己回归到"普通人"的队伍。不要在乎别人的眼光和议论，做你认为值得做的事，走你认为应该走的路，人生之路才会越走越宽。

广结人缘，自己为自己加油

从心理学角度来说，人一旦拥有封闭心态，往往就不愿与人沟通，很少与人讲话。其实并不是无话可说，而是害怕或讨厌与人交谈。害怕说出的话不对味，倒了大家的胃口；担心因为哪壶不开提哪壶而遭到斥责；害怕自己的口误刺中了对方的痛处，而导致唇枪舌剑……种种的担心和害怕使到嘴边的话又溜了回去，使本可畅所欲言的时候却又欲言又止，想了三番五次，最终把心里的话咽进了肚子里。结果，想说话的时候与自己说，把心里话写进日记中，把自己的远大理想也学着古人那样撰文咏诗、托物言志。

当然，也有些人的自我封闭行为与生活挫折有关，这种人在生活、事业上遭到挫折与打击后，精神上受到压抑，对周围环境逐渐变得敏感，变得不可接受，于是就出现了回避社交的行为。

具有自我封闭行为的人有一个显著的特点，就是不“合群”。即使交朋友，也只和自己在性格、习惯和趣味等方面相似及合得来的人交往。凡是在这方面合不来的人就一概拒绝，不愿意向别人敞开自己的心理世界，不相往来，也不顾及其中的利害关系，不善解人意。在与人相处时，反面的态度（如仇恨、嫉妒、怀疑等）多于正面的态度（如尊敬、信任、喜悦等）。因此，自我封闭的人不能建立和谐的人际关系，基本上没有知心的朋友。

这种不合群的性格不仅有碍于和谐的人际关系的建立，不适应现代人际交往的需要，而且还会使人心理上缺乏安全感和归属感，形成退缩感和孤独感，从而有碍于人的身心健康。试想：你独处深宅，孤陋寡闻，信息从何而来？你没有朋友，孤家寡人，遇到困难谁来帮助你？你没有几个知心朋友，你的苦恼无处倾诉，也没人为你出谋划策……

如果拒绝与人接触，把自己囚禁成一座孤岛，我们就会变成痴人。我们的心很快就会被荒芜吞噬，结果只能是自我封闭，离群索居，被人孤立，处处吃亏。

没有人愿意选择孤独，没有人不想交朋友。相信你也是一样。既然你的内心里怀有着交友的渴望，脑海中憧憬着与大家在一起无拘无束地欢乐，那么，还有什么理由封闭自己呢？所以，尽快摆脱你的孤独现状吧！不要再作茧自缚了。敞开心扉，勇敢地走进大家的生活中去吧，去感受集体的欢乐与痛苦，分担大家的风雨和成就，你的个人魅力就会在集体中实现和升值。

如果你自我封闭的时间太久了，一时不知道如何适应人多的“热闹”和来自大家的认可和欢迎，那么，可以循序渐进，逐步地适应社交圈。

首先，要认清社会关系的重要性。个人要在集体中才能生存。个人的行为离不开社会关系的影响。有意识地清理一下自己现有的社会关系，看看它们到底对自己有哪一方面的生存价值，同时还要注意培养和建立新的社会关系。将这些社会关系连接起来，就形成了一个交际圈。在交际圈里就可以游刃有余、活动自如。当自己需要帮忙时，便可以得到他人的帮助。

有一位大富翁说：“我之所以能有今天的成就，单靠自己的力量是办不到的，而是得力于我广泛的社交圈子和良好的人际关系。我社交圈子里的朋友三教九流都有，例如文化界、教育界、学术界、商业界……真是应有尽有。”由此可见，大多数成功的人很少单单依靠个人的能力，通常都得力于社交圈子，广泛拥有良好的人际关系。所以，这种社交圈子和人际关系是一项很重要的资源和财富。

人是社会关系的总和，在你接触的所有关系中，往往只有一些重要的关系才能给你提供最大程度的帮助。所以，应该把时间和精力花在最重要的人际关系上。在你的个人生活或职业生涯中，与你交往的人无论从认识还是行为方式上都能对你造成深远的影响。在内心仔细分析每一个与你交往的人，认真思考你的每一段友谊、工作中的人际交往以及你在任何其他场合产生的人际关系。那些同你有关系的人都会对你的思想产生意义重大的影响和冲击。

其次，建立交际圈是不够的，还要扩大自己的交际圈。

交际圈就如一张网，每个人就是网上的一个点，要想让这些孤立的点活动起来，就必须与其他的“点”联合，与他们接触，只有这样，才不会成为一个“死点”。接触的“点”越多，活动的范围就越大，社交的圈子就越广泛。而圈子越大，网上的“点”就越多，一旦一个“点”动起来，其他“点”也就会相应地动起来，由此产生持久的互动效应，使整个圈子的“点”都“活动”起来，这就是为什么社交圈子广泛、朋友多，好办事的根本原因。

然而，有的人生活圈子很小，除了老婆孩子和少数几个亲戚，其他的社会关系可谓是“凤毛麟角”，所以他们的朋友通常不多，在关键时候能帮上忙的朋友就更少了。这些人不善于交际，不懂得如何扩大社交圈子，不善于结交新朋友。他们不会有目的地主动接近一个人，如果这样做，他们会脸红、结巴，被人家一眼洞穿。自己也会觉得尴尬没用。久而久之，他们宁愿守着自己的小圈子，而不去延伸大圈子，甚至自己的小圈子也正在逐步缩小，最后慢慢地让自己“脱离了群众”。

再次，主动与人交往，在众人中树立人缘。

是否有人缘将大大地左右着事业的成功与否。所以要想改变，就必须从现在起建立人缘，建立高层次的人际关系。那么，怎样才能建立起新的人缘呢？为此，要有具体的行动。一言以蔽之，即要积极地走出去，扩大与人交往的机会。

与人交往时，要提醒的是，要尽力避免同那些会阻碍自己成功的人打交道。比如心态消极的人总是试图改造别人的人、苛刻挑剔的人、浪费时间的人。同时，也拒绝那些不守承诺的人、猥琐、不诚实或自私自利的人，以及那些总是作威作福、不可一世的人。

认错之后，更加欣赏彼此

人人都会犯错误，尤其是当你工作过重、精神不佳、压力太沉重时，不小心犯错是常有的事情。如果我们能在犯错之后正确地面对，便不算什么大事情，甚至还会提升你的形象，对你日后的交往起到很大的帮助。

二十多年前，刘先生当电视台记者的时候，有一次要去美国采访一个电影节。当时去外国的手续很难办，不但要各种证件，而且得请公司的人事和安全单位出函，于是他托电影公司的一位朋友代办。

刘先生好不容易备妥了各项文件，送去给那位朋友。可是才回公司就接到电话，说少了一份东西。

“我刚刚才放在一个信封里交给您的啊！”刘先生说。

“没有！我没看到！”对方斩钉截铁地回答。

刘先生立刻赶到那位朋友的办公室，当面告诉那人他确实已细细点过。

那人举起刘先生的信封，抖了抖，说：“没有！”

“我以人格担保，我装了！”刘先生大声说。

“我也以人格担保，我没收到！”那个人也大声吼起来。

“你找找看，一定掉在了什么地方！”刘先生吼得更大声。

“我早找了，我没那么糊涂，你一定没给我。”那个人也吼得更响。

眼看采访在即，刘先生气乎乎地赶回公司，又去重新“求爷爷、告奶奶”地办那份文件。就在他正办的时候，突然接到那个朋友的电话。

“对不起！是我不对，我不小心把它夹在别人的文件里了，我真不是人……”那位朋友说。

刘先生怔住了，忘记是怎么挂上那个电话的。

刘先生说虽然那件事是他朋友的错，可是他却十分敬佩他的朋友敢于承认错误的勇气。

勇于承认自己的错误是一种大智慧和大勇敢。智者千虑，必有一失。一个人再聪明、再能干，也总有失败犯错误的时候。人犯了错误会表现出两种态度：一种是拒不认错，找借口辩解推脱；另一种是坦诚地承认错误，勇于改正，并找到解决的途径。

每个人都有犯错误的可能，关键在于你认错的态度。只要你坦率地承担责任，并尽力去想办法补救，你仍然可以立于不败之地。

能坦诚地面对自己的错误，再拿出足够的勇气去承认它、面对它，不仅能弥补错误所带来的不良结果，在今后的工作中更加谨慎行事，而且别人也会痛快地原谅你的错误。

在犯了错误之后，绝对不要采取下面的行动。

1. 撒谎否认

说谎的人总说："我没做那件事"，或者"不，不，那不是我干的"，或者"我不知道这是怎么一回事"，还有"我发誓"等之类的话。还有一类人犯了错误后习惯于说："噢，这没什么大不了的，情况会好起来的。"或者"出错了吗？哪里出错了？"或"不要着急，事情会如你所愿的。"

2. 指责别人

这种人犯错后会说："这是你的错，不是我的错。"他们也会说："我的雇员对我不忠实。""他们说得不清楚。""这是老板的错。"等等。还有些人会说："如果再给我点时间的话，我会做好的。"或者"人人都这样，我为何不可？"

3. 半途而废

这种人经常说："我早就告诉过你那样做不管用！""这件事太难了，不值得我投入这么多的精力，还是换个简单一点的吧。""瞧，我都做了些什么啊？我不想自找麻烦了。"

当我们犯了错时，如果我们对自己诚实，就要迅速而诚恳地承认。这样不但能产生惊人的效果，而且比为自己争辩好得多。如果你总是害怕向别人承认错误，那么，你不妨试试下面的办法：

如果你在工作上出错，应该立即向领导汇报，这样虽有可能被大骂一顿，可是在上司的心目中你将是一个诚实的人，将来会更加信任你，你所得到的将比你失去的多。如果你的错必须向别人承认，与其找借口逃避，不如勇于认错，在别人还没有来得及把你的错到处宣扬之前，尽早地对自己的行为负起责任；如果你的错误影响到其他人的工作成绩，无论他是否发现，都要主动向他道歉，承认错误，不要自我辩护、推卸责任，否则只会令对方更加恼火。

有些人认为错误有失自尊，面子上过不去，便害怕承担责任，害怕惩罚。与这些想象恰恰相反，勇于承认错误，你给人的印象不但不会受到损失，反而会使人尊敬你、信任你，你在别人心目中的形象反而会高大起来。

举手之劳，何乐不为

一句温暖的问候，一个关切的眼神，一句真诚的祝福，一杯袅袅的清茶……举手之劳，换来彼此的温暖、澄澈。

在我们身边，有人之所以生活得有意义、快乐、有满足感，是因为他能奉献，而不是处心积虑地想要占有。奉献给人一个实现自我的空间，因为他知道要努力工作，为社会服务，他知道要肩负一个帮助和安慰大众的使命。在那努力的目标之中，他发现了生活实现的空间。

一个人只要肯为别人奉献自我，他就会生活在快乐之中。如果一个人能够用爱心无偿地给予别人服务和帮助，他的生命一定闪烁着光彩，充满着喜悦和快乐。

从前有个国王，非常宠爱他的儿子。这位年轻的王子过着衣来伸手、饭来张口的日子，要什么有什么。可是，他从来没有开心地笑过一回，常常愁眉紧锁，郁郁寡欢。

有一天，一位魔术师走进王宫对国王说，他能让王子快乐起来。国王兴奋地说："如果你能办成这件事，宫里的金银财宝你随便拿。"

魔术师带着王子进了一间密室，他用白色的东西在一张纸上涂了些笔画，然后交给王子，并嘱咐他点亮蜡烛，看纸上会出现什么。说完，魔术师走开了。

年轻的王子在烛光的映照下，看见那些白色的字迹化作美丽的绿色，变成这样几个字："每天为别人做一件善事。"王子依此去做，不久，他果然成为一个快乐的少年。

曾获诺贝尔和平奖的德兰修女，没有戴妃的风华绝代，她个子瘦小，相貌普通；她有的是一颗美丽的爱心。戴妃在卫生、安全的医院里和艾滋病人握手，会有记者拍下照片刊登在报纸杂志上，让人歌颂她的爱心；可德兰却不知多少次在污秽、肮脏的街道拥抱那些患皮肤病、传染病，甚至周身流脓的垂死病人，并把他们带回自己的住处，照顾他们，安葬他们。

许多人一谈到德兰修女，都说她是个伟大的人，和她相比，自己实在太渺小了。可德兰修女却说："我们都不是伟大的人，但我们可以用伟大的爱来做生活中每一件平凡的事。"

德兰修女一生没有做什么惊天动地的大事，她所做的，是每一个普普通通的人都有能力做到的事：照顾垂死的病人，为他们洗脚、抹身；当他们被别人践踏如尘的时候，还给他们做人的尊严。仅此而已。

刘备曾教导儿子刘禅说："勿以善小而不为，勿以恶小而为之。"善良是一种巨大的力量，任何力量都不如善良的力量大。善良并不体现在礼物上，而在于一个人诚挚的内心。有的人能从钱包里掏钱出来送给别人，但他的心却冰冷漠然。用钱财表现出来的好心不仅不可靠，而且往往带来负面影响。或许，我们做人的境界还没有达到德兰修女那样的高度。但是我们如果常存乐善好施、成人之美的好心，这个世界又会减少多少忧伤和怨叹。

个人不能离开他赖以生存的群体，不能离开由这么多群体所构成的社会；个人的生命价值是由他人、社会给予评判的。只有在一定的社会条件下，个人的人生价值才能得以体现。因此，一个人在自己的人生征途中时刻不能脱离集体、社会；个人必须为大众、为社会承担责任，做出贡献，奉献自我。

一个人只有超越自己生命狭小的圈子而热心投入到社会之中，才有可能实现自己的人生价值。

一年冬天，年轻的哈默随一群同伴来到美国南加州一个名叫沃尔逊的小镇，在那里，他认识了善良的镇长杰克逊。正是这位镇长，对哈默后来的成功影响巨大。

那天，天下着小雨，镇长门前花圃旁边的小路成了一片泥淖。于是行人就从花圃里穿过，弄得花圃一片狼藉。哈默不禁替镇长痛惜，于是不顾寒雨淋身，独自站在雨中看护花圃，让行人从泥淖中穿行。

这时，出去半天的镇长满面微笑地从外面挑回一担煤渣，从容地把它铺在泥淖里。结果，再也没有人从花圃里穿过了。镇长意味深长地对哈默说："你看，给人方便，就是给自己方便。我们这样做有什么不好？"

后来，哈默在艰苦的奋斗下成为美国石油大王。一天深夜，他在一家大酒店门口被黑人记者杰西克拦住。杰西克问了他一个最敏感的话题："为什么前一阵子阁下对东欧国家的石油输出量减少了，而你最大对手的石油输出量却略有增加？这似乎与阁下现在的石油大王身份不符。"

哈默听了记者这个尖锐的问题，没有立即反驳他，而是平静地回答道："给人方便就是给自己方便。那些想在竞争中出人头地的人如果不知道关照别人需要的只是一点点的理解与大度，却能赢来意想不到的收获，那他一定会后悔不迭。给人方便，是一种最有力量的方式，也是一条最好的路。"

旺人气的8种法则

人与人之间相处，人气指数很重要，也就是说，人气指数与人缘关系成正比。下面是旺人气的8种法则：

1. 努力使自己永远受到热情接待

一个对周围的人真诚感兴趣的人在两个月内结交的朋友比另一个力求使周围的人对他感兴趣的人在两年内结交的朋友还要多。

不过，我们知道，有一些人一生都在努力使别人对他感兴趣，而他们自己对谁也没表示过任何兴趣。当然，这不会有什么结果。人们对你和我都不感兴趣，他们首先对他们自己感兴趣。

为了交朋友，不能自私，要努力关心他人，为此需要时间和热情。有一位亲王为周游南美洲，曾花几个月的时间学习西班牙语，以便在出访国进行公开讲演。这使他博得了南美洲居民的热爱。

所以，你想引起人们的钦慕，你应遵循的第一条准则是："对人们表示出真诚的兴趣。"

2. 给人留下好印象

一次宴会上，宾客中有一位继承了一大笔遗产的妇女，她渴望给所有人留下美好的印象。她拿自己的财产买貂皮大衣、钻石和珠宝，但她不注意自己脸部易于激动和自私的表情。她不懂得每个男人都清楚：妇女的脸部表情比她的服饰更重要。

行动比语言更富有表现力，而微笑似乎在说："我喜欢您，您使我很高兴看见您。"这就是我们为什么喜欢狗的原因吧。狗总是高兴地看见我们，满意地跳来跳去！自然，我们也很高兴看见它。也有装出来的笑容，不过这种笑谁也瞒不过。装出来的笑容只能使人感到痛苦。我们在这里说的是真诚的微笑——使人感到温暖的微笑，发自内心的微笑。

3. 善解人意，体贴别人

一个体贴别人的人总是设身处地地为别人着想，不让别人紧张、拘束，更不会让别人尴尬难堪。据说，莎士比亚就具有善解人意的神奇能力。在和人交往的过程中，他就像一条变色龙，能根据交往对象的不同特点，随着时间、地点的变化而进行应变。文学批评家威廉·哈兹里特指出："莎士比亚完全不具有自我。他除了不是莎士比亚之外，可以是其他任何人，或是任何别人希望他成为的人。他不仅具备每一种才能以及每一种感觉的幼芽，而且他能借着每一次的命运改换或每一次的情感冲突、每一次的思想转变，本能地预料到它们会向何方生长，而他就能随着这些幼芽延伸到所有可以想象得出的枝节。"

4. 成为好的对话人

成功交谈的秘密在哪里？著名学者查理·艾略特说："一点儿秘密也没有……专心致志地听人讲话是最重要的。什么也比不上'注意听'对谈话人的尊敬了。”倾听可以使他人感受到受尊重和欣赏，而这一点正是对方要的。

您如果想成为被人喜欢的人，请记住第四条准则：“要善于注意听别人讲话并鼓励其讲话。”

5. 激起他人的兴趣

假若你想使人喜欢你，遵循的第五条准则是：“请谈论使你的对话人感兴趣的东西。”要想找到打开人心扉的钥匙，必须同他谈他最向往的东西。

兰博在即将被选为副经理时，忽然有一位董事表示反对，这个意外使兰博的任命被搁置下来。

兰博从朋友那打听到这个董事有收藏古籍珍本的嗜好，每当遇到知音和称赞时就非常兴奋。兰博打电话给这位董事，并真诚地说：“如果在你的书室能欣赏到被人们赞誉的宝书，将是我一生的荣幸。”

董事邀请兰博来到自己的书室，并向兰博介绍了部分古籍的来历。

兰博一边看一边由衷地称赞，感谢董事让他大开了眼界、增长了见识，并时不时地向董事投去钦佩和敬仰的目光。

通过这次交流，董事对兰博当副经理的事完全赞成。而兰博也敬佩董事的博学，两人成了知心的朋友。

6. 一见面就使人高兴

有一条十分重要的、涉及人们品行的准则。你如果不轻视这条准则，你几乎永远不会落入困难的境地。谁遵循这一准则，谁将有众多的朋友并经常感到幸福；谁违反这条准则，谁就会遭受挫折。这条准则是：“尊重他人的优点。”你想得到你所接触的人的赞扬，你想让别人承认你的优点，你想在那个小天地感到自己能起些作用，那就要注意说话使人喜欢。

在人与人的交往沟通中，主要靠语言的应用，讲对方想知道的、感兴趣的、关注的话题，讲他爱听的话，多赞美他人。如果说，批评和鼓励都是催人上进、激人奋进的一种手段的话，那么，在多种情况下，适当地赞美就往往能收到更好的效果。一个笑容可掬、善于发现和挖掘他人优点并给予赞美的人，肯定会受到别人的尊重和喜爱。

生活中的每个人都希望得到他人的赞美。赞美会激发受赞美者的自豪和骄傲，从中了解自己的优点和长处，认识自身的价值；赞美能和谐人际关系，给人带来美好的心境。而且，当人们在鼓励、尊重对方的同时，赞美也丰富了自己的生存智能。

7. 会给别人保面子

你伤害过谁，也许早已忘了，可是被你伤害的那个人永远不会忘记你。

给他人保住面子！这一点是多么重要！而我们却很少想到这一点。我们常常是无情地剥掉了别人的面子，伤害了别人的自尊心，抹杀了别人的感情，却又自以为是。我们在他人面前呵斥一个小孩或下属，找差错，挑毛病，甚至进行粗暴的威胁，却很少去考虑人家的自尊心。其实，只要冷静地思考一两分钟，说一两句体谅的话，对别人的态度宽大一些，就可以减少对别人的伤害。事情的结果也就大大的两样了。

1922年，土耳其人同希腊人经过几个世纪的敌对之后，土耳其人终于下决心把希腊人逐出土耳其领土。穆斯塔法·凯墨尔对他的士兵发表了一篇拿破仑式的演说，他说："不停地进攻，你们的目的地是地中海。"于是，近代史上最惨烈的一场战争展开了。土耳其最终获胜。

当希腊的迪利科皮斯和迪欧尼斯两位将领前往凯墨尔总部投降时，土耳其士兵对他们大声辱骂。但凯墨尔却丝毫没有显现出胜利的骄气，他握住他们的手，说："请坐，两位先生，你们一定走累了。"

然后，在讨论了投降的有关细节之后，凯墨尔安慰这两位失败者。他以军人对军人的口气说："两位先生，战争中有许多偶然情况，有时最优秀的军人也会打败仗。"

为了长远的利益，凯墨尔即使在全面胜利的兴奋中也仍然记着这条重要的信条让别人保住面子。

8. 给对方一条退路

要爽快地接受别人的意见的确不是一件很容易的事。但是，如果是你的意见比较占优势，而他人想要逃避责任的话，这又该如何是好？这样的情况比起自己爽快地接受他人的意见难得多了。

这个时候，最差劲的就是逼得他喘不过气，或说不出半句话，这也就是所谓的“赶狗入穷巷”。他人被你逼得走投无路的时候，只好抓你的语病反击。如果在这种情况之下，你还不懂得给对方留些余地，对方表面上可能表现得很宽容，匆匆地随便找个台阶下，但内心的煎熬却不像表面的那样，这种屈辱有机会他一定会讨回来。

如果你能够遇到一位心胸宽大且真正欣赏你的人，这是你的福气，你要心存感谢。千万不要因为这样就趾高气扬得不可一世。孙子兵法中也说过，攻敌时要留一条退路给敌人，若是把敌人团团围住而不留一条活路，敌人在走投无路的情况之下只好决一死战，倾全力反击。

因此，在与人意见的交涉中一定要为对方留一条退路，于人于己都行得方便。

能够仔细分辨别人的意图、动机、心情、感受和思想。一个社交能力强的人，他们会考虑到自己行为的后果，会盘算别人的可能行为，会计算自己的利益和损失，而所有这些盘算都是在相关因素可能变动的情况下做出的。因此，只有认知能力较强、善于察言观色的人才能在复杂多变的情况下做出这些盘算来。这种人际交往智慧每个人都具有，关键是怎样使之不断增强，怎样把它们在生活中发挥出来。

第八章

拥有正能量，你就会知足常乐

正能量有了，我们的心态才会平和，我们才会让自己不再贪婪，让自己学着知足。因为知足是一种美德和智慧。因为知足，我们会自觉珍惜，并倍加珍惜我们今天拥有的一切，从而更好地把握现在，把握未来；因为知足，我们会更坦然地面对竞争，在权、钱、色面前心静神定，平静如水，在利义的天平上摆准法码，做到有所求、有所不求，有所为、有所不为，能为则为，不能为则不为；因为知足，我们会超然洒脱，出神入化，不必奉承拍马、阿谀应对，更不必做蝇营狗苟、蝇蛆逐臭之事；也因为知足，我们会懂得许多生活的情趣，从许多不经意的小事中获得美的享受。

欲望太多，你能斩断多少？

在许多时候，我们不知道满足，甚至为了“了却君王天下事”，对生前身后的功名也期待颇多。我们会埋怨父母没有把我们生养在富贵之家，总是抱怨子孙们不能个个如龙似凤，但我们更多的不满足还是来自于自身。

我们为什么会这样不知足呢？这其实是欲望的驱使，是幻想的冲动，是不切合实际的索取。如果我们把不知足归结为人类后天的变异，这有失公允。其实，不知足是一种最原始的心理需求，知足则是一种理性思维后的达观与开脱。

列夫·托尔斯泰说："俄罗斯人对于自己的财产从不满足，而对于自己的智慧却相当自信。"这就说明了知足的两重性。人们对于物欲的追求总会优越于精神的追求，在精神上的知足往往不能满足物质的需求，这与人类的第一需要——温饱有关。

老子说过："有所为才能有所不为。"换句话说，能知足才知不足。诸如，在物质匮乏的年代，我们会满足于一日三餐的粗茶淡饭，但我们深知，我们对于饮食的需求远不止这些，只要条件许可，我们就会要酒要肉，吃完了还想跳个舞。

知足使人平静、安详、达观、超脱；不知足使人骚动、搏击、进取、奋斗。知足智在知不可行而不行，不知足慧在可行而必行之。若知不行而勉为其难，势必劳而无功；若知可行而不行，这就是堕落和懈怠。这两者之间实际是一个"度"的问题。度是分寸，是智慧，更是水平，只有在温度合适的条件下，树木才会发芽，也不至于因控制不好火候而把钢材炼成生铁。《渔夫和金鱼的故事》中的那个老太婆的最大失败就是没有把握好知足这个"度"。

在知足与不知足之间，我们更多地倾向于知足，因为它会让我们心地坦然。无所取、无所需就不会有太多的思想负荷。在知足的心态下，一切都会变得合理、正常、坦然，我们还会有什么不切合实际的欲望和要求呢？

学会知足，快乐就会来找你

谁都会有需求与欲望，但这要与本人的能力及社会条件相符合。每个人的生活都有欢乐，也有缺失，但不能搞攀比，俗话说"人比人，气死人"，"尺有所短，寸有所长"。心理调适的最好办法就是做到知足常乐，"知足"便不会有非分之想，"常乐"也就能保持心理平衡了。

人的需求其实是很低的，但人的欲望却是无限膨胀的。人应该学会尽量满足自己的需求，并尽可能地抑制那无限膨胀的欲望，顺从自然的本性去快乐地生活！

有一户从农村来城里打工的人家，男人做的是城里人都不愿做的清洁工，每天的工作就是往垃圾站转运垃圾；女的刚来时怀有身孕，生了孩子后，就出去给人擦皮鞋。他们租住的房子是一户在围墙边搭盖的简易厨房，房子很小，里面只能放下一张双人床。他们的家具都是别人丢弃的，根本就放不进房间里面，只能放在屋外。就连吃饭的桌子也没有，有了也没地方放，他们只能在屋外吃饭，有时将菜碗放在板凳上，有时干脆把炒菜的锅当菜碗用。

他们属于那种城市贫民，是城市里的边缘人，可是他们看上去没有一点愁苦的感觉。他们住的地方是宿舍大院的大门口，经常人来人往，那男的每天哼着小曲，忙进忙出，跟来来往往的人们打着招呼、聊着天，而且有求必应，特别地热心，也特别地快乐。他们觉得他们的需求已经得到了满足，所以，他们很知足。

这对夫妻的物质财富与那些腰缠万贯的人比起来可谓是少之又少，可他们的快乐却比那些人多了许多。这是为什么？

其实人的实际需求是很低的，远远低于人的欲望。我们的房子再多再大，也只能在一间屋子里、一张床上睡觉；把世界上所有的山珍海味都摆在桌子上，我们也只能吃下胃那么大小的东西；我们的衣柜里挂满了各式各样的名牌时装，也只能穿一套在身上；我们的鞋子有无数双，也只能穿一双在脚上；我们的汽车有无数辆，也只能开着一辆在街上跑……

可是，人们追求物质享受的那种无穷尽的欲望，有时却使人们的财富变成一种累赘。买了大房子还想买更大的房子；屋子装修了一遍又一遍；小汽车换了一辆又一辆；家具换了一套又一套；家用电器更新了一代又一代。不是因为别的，只是因为有钱，只是希望更气派、更豪华、更先进。

每个人都有选择自己生活方式的权利，这无可厚非。但如果让那无限膨胀、追求财富的欲望影响了我们的健康、我们的爱情、我们的婚姻、我们的家庭、我们的快乐，让我们整天为此疲于奔命，寝食难安，带给我们无限的烦恼，更有甚者，这种欲望变成了一种无法满足的贪欲，并促使有人走上了犯罪的道路，不仅毁掉了自己的一生，甚至还搭上了性命，那么这种生活方式对我们来说就太不值得了！

“一念之欲不能制，而祸流于滔天。”这是源于《圣经》的经典语句。世界其实很简单，钱本无善恶，钱能买到房子，但买不到家；钱能买到药品，但买不到健康；钱能买到床，但买不到休息——钱不是万能的。

人生必不可少的东西其实是很少的，认清楚这一点，我们就可以活得从容一些，不那么忙碌，不那么心浮气躁。因为不管社会怎么发达，物价如何上涨，我们只要具备一颗平常心，只追求一种平常生活，做到一生衣食无忧，就是一件很简单的事情。我们还可以腾出时间、精力来有一些别的追求和享受。

懂得满足，我比别人快乐

有一项调查表明，95%的都市人都有或多或少的自卑感。在人的一生中，几乎所有的人都会有怀疑自己的时候，感到自己的境况不如别人。

这是为什么呢？潜藏在人心中的好胜心理、攀比心理是这一问题的根源。我们总把他人当作超越的对象，总希望过得比别人好，总拿别人当参照物，似乎没有别人便感觉不到自身存在的价值。于是，工作上要和同事比：比工资、比资格、比权力；生活上要和邻居比：比住房、比穿着、比老婆，就连孩子也不放过，成了比的牺牲品。既然是比，自然要比出个高下，比别人强者，趾高气扬；不如别人者便想着法子超过他，实在超不过便拉别人后腿，连后腿也拉不住者便要承受自卑心理的煎熬。

如果我们能持一种积极的态度去和别人比较，不如别人时便积极进取，争取更上一层楼；比别人强时便谦虚谨慎，乐观待人，岂不更好？

事实上，天外有天，人外有人，我们不可能在任何方面都比别人强，胜过别人。太要强的人，一味和比自己强的人比，结果由于心灵的弦绷得太紧了，损耗精神，很难有大的作为。雨果在《悲惨世界》中说："全人类的充沛精力要是都集中在一个人的头颅里，这种状况如果要延续下去，就会是文明的末日。""尺有所短，寸有所长。"每一个人都有自己的特长，也都有自己的短处，一个人只要在自己从事的专业领域中有所成就便不虚此生。千万不要因看到别人的一点长处就失去心理平衡。每一个人把自己该做的做好是最重要的，最好不要与别人比高低。每一个人在这个世界上都具有独一无二的价值，就像人的手指，有大有小，有长有短，它们各有各的用处，各有各的美丽，我们能说大拇指就比小拇指好吗？

一味地和别人比是件不聪明的事，因为即便胜过别人，又会有“枪打出头鸟，出头的椽子先烂”的危险。古人云：“步步占先者，必有人以挤之；事事争胜者，必有人以挫之。”生活中也确实是这样，如果一个人太冒尖，在各方面都胜过别人，就容易遭到他人的嫉妒和攻击；而与世无争者反而不会树敌，容易遭人同情，所以说“人胜我无害，我胜人非福”。

其实，最好的处世哲学还是不与人比。做好自己的事，每个人都有自己的生活方式，有自己存在的价值和理由，干吗要和别人比呢？如果心里难受，实在要比的话，倒不如把自己当做竞争对手，和自己的昨天比，这样既不会沾惹是非恩怨，自己还能更上一层楼，岂非自求多福？

做人首先要满足，然后再抱着友善的态度和别人比，比学习、比进步，而不是比享乐，只有这样才能共同进步，才能真正体会到生活的乐趣。

利字旁边有一把刀

前几天和朋友聊天，朋友说正为这一段时间老是做恶梦而痛苦。问及所梦内容，几乎全是为了一点私利而与别人纠缠不休，甚至大打出手的事。我便装作行家，为之解梦，劝他最近放下手中的生意，到处走走，躲一下“小人”，便可不再做恶梦。

朋友心中有事，自然不得清闲，即使在睡梦中也一样。而醒来时，更是驱赶此身，作无尽的追求。当时没有与朋友直言，其实真正的“小人”是他自己，是他自己白天老是想着为了蝇头小利去与人纠缠，所以才在梦里不得安宁。如果整天为名利所累，万事忧心，不得安宁，即便锦衣玉食，但精神压力不能排解，也只能痛苦万分。

古语说：“天下熙熙，皆为利来；天下攘攘，皆为利往。”利当然是社会发展最有效的润滑剂，但不可过于看重名利，过于为名利奔波。

随着商品经济的发展，我们每个人都生活在讲求效益的环境里，完全不言名利也是不可能的，但应正确对待名利，最好是“君子言利，取之有道；君子求名，名正言顺”。

当然，最好的活法还是淡泊名利。因为名字下头一张嘴，人要是出了名，就会招来嫉妒，受人白眼，遭到排挤，甚至有可能由此而种下祸根。

正如古语所说："木秀于林，风必摧之；堤高于岸，流必湍之；行高于人，众必非之。"而利字旁边一把刀，既会伤害自己，也可能伤害别人，小利既伤和气又碍大利。如果认为个人利益就是一切，便会丧失生命中一切宝贵的东西。

人生待足何时足？名利是无止境的，只有适可而止，才能知足常乐。其实心是人的主宰，名利皆由心而起，心中名利之欲无休止地膨胀，人便不会有知足的时候。欲望就像与人同行，见到他人背有众多名利走在前面，便不肯停歇，而想背负更多的名利走在更前面，结果可能会在路的尽头累倒。知足者能看透名利的本质，心中能拿得起、放得下，心境自然宽阔。

一个人如若以淡泊名利的人生态度来面对生活，他也就更易于找到乐观的一面。但许多人口口声声说将名利看得很淡，甚至摆出一副厌恶名利的姿态，实际是心中无法摆脱掉名利的诱惑而做出自欺欺人的判断，未忘名利，所以才时时挂在嘴边。好像讨厌名利之论的人，内心不会放下清高之名，这种人虽然较之在名利场中追逐的人高明，却未能忘尽名利。这些心口不一的人，实际上内心充满了矛盾，但名利本身并无过错，错在人为名利而起纷争，错在人为名利而忘却生命的本质，错在人为名利而伤害情义。如果能够做到心中怎么想，口中就怎么说，心口如一，本身已完全对名利不动心，自然能够不受名利的影响。那么不但自己活得轻松，与人交往也会很轻松了。

国学大师林语堂也曾经说过："满足的秘诀在于知道如何享受自己所有的，并能驱除自己能力之外的物欲。"

淡泊名利是一种境界，而追逐名利则是一种贪欲。当今社会，真正淡泊名利的人很少，追逐名利的人很多，淡泊名利是人生的一种态度，是人生的一种哲学。淡泊名利就是要超脱世俗的诱惑与困扰，实实在在地对待一切事物，豁达客观地看待一切生活。

珍惜拥有，体会简单的快乐

有个人因生意失败，不但花光了自己所有的积蓄，还欠了一屁股债。他像只斗败的公鸡，失去了生活的勇气和信心，终日陷入心烦意乱和无尽的忧虑中。可是一次偶遇改变了这一切。一天，他在街上走着的时候，看到迎面过来一个没有双腿的人，他坐在一块小木板上，木板装在有4个轮子的溜冰鞋上，两手各拿着一块木板在地面上支撑着滑动前进。过街时，他把自己抬高几英寸以越过马路到达人行道。当他费力地抬高他身下的木板时，他看见了这个失意的人，并向他粲然一笑："早上好，先生，今天天气不错。"他的声音里充满了活力。这个充满失意的人看着他，不禁感叹自己是多么富有！和他相比，自己至少还有两条腿可以走路，那一刻，这个人禁不住对自己的消沉感到羞耻。他告诉自己，一个失去了双腿的人还能这么开心、快乐并充满自信，而自己还有一双好腿，为什么就不能做到？他顿时觉得信心十足起来。本来他只想着试试看能不能再找个工作，但现在，他有信心宣布自己要去找个工作。结果，他如愿以偿。

这个人回去后郑重地在自己的书房里挂上一幅字：我正在因为没有鞋而难过，直到我遇见一个没有双脚的人。

现在这个人又重新有了自己的公司，他每天都很快乐地去做事情。他这副快乐的好形象赢得了下属和周围人的喜爱，人们都乐意帮助他，因此，他的公司发展得红红火火。

快乐是很简单的事，能活着本身就是一件值得快乐的事！生活中也要体会简单的快乐。

快乐把人们的忧郁、悲哀、烦闷、焦虑等全部驱逐出去，恰如太阳赶走黑暗一样。当面前站着一个快乐的人时，所有的谈话都变得活泼而生动，整个氛围都洋溢着愉快和喜悦。快乐会给我们健康的形象，同时快乐也是简单的。

快乐是健康的一剂良药，当我们的精神振奋、心境开阔时，人生便也有了新的意义。适量的运动及休息，是心情愉悦的必要因素。根据统计资料，有些科学家对他们所谓的催眠剂做过实验。他们让那些疲倦和年老的人服用这些药物，帮助他们休息，结果发现：这些人的生理组织功能提升，寿命延长，疾病不见了，相对地，他们也重新获得新的活力和生命的乐趣。

大哲学家叔本华也说过："我们很少注意我们所拥有的，却总是想自己没有得到的，甚至是不可企及的，这种态度实在是世上令人遗憾的情形之一。它给人们精神带来的灾难恐怕足以和所有的战争、疾病相抗衡。"

古罗马的伊壁鸠鲁说："谁不知足，谁就不会幸福，即使他是世界的主宰也不例外。"只要每天想想自己拥有的老天赐予的诸多恩惠，我们就应该抛却忧虑，意气风发地去迎接每一轮新的朝阳。

过去的已经过去，现在的一切也终将成为过去，我们所能做的，只有珍惜现在的拥有，而不是沉湎于失去中。"塞翁失马，焉知非福"，也许我们正在失去的是现在短暂的欢乐，也正是未来长久的痛苦。习惯失去，珍惜拥有，不论是曾经、现在，还是未来。拥有的时候百倍珍惜，失去的时候，我们才能无怨无悔，因为我们为之努力过。

没有攀比，便没有嫉妒

某机关有一位小公务员，过着安分守己的平静生活。有一天，他接到一位高中同学的聚会电话。十多年未见，小公务员带着重逢的喜悦前往赴会。昔日的老同学经商有道，住着豪宅，开着名车，一副成功者的派头，这让这位公务员羡慕不已。自从那次聚会之后，这位公务员重返机关上班，好像变了一个人，整天唉声叹气，逢人便诉说心中的烦恼。

"这小子，考试老不及格，凭什么有那么多钱？"他说。

"我们的薪水虽然无法和富豪相比，但不也够花了嘛！"他的同事安慰说。

"够花？我的薪水攒一辈子也买不起一辆奔驰车。"公务员懊丧地跳了起来。

"我们是坐办公室的，有钱我也犯不着买车。"他的同事看得很开。但这位小公务员却终日郁郁寡欢，后来得了重病，卧床不起。

攀比心理是一把刺向自己心灵深处的利剑，对人对己毫无益处。其实人比人并不会气死人，如果可以客观地比较的话，结果肯定是比上不足、比下有余，对于任何一个人来说都是如此。而会气死人的原因是拿自己的缺点跟别人的优点比较，却忽略了自己的优点，他们把比别人差的地方看得很重，比别人好的地方觉得很普通，甚至忽略看不到。有人会说，人怎么可以跟比自己差的人比呢？要比，当然是跟比自己好的人比了。这句话听起来是很积极的心态，好像是在向好的方面学习，能看到不足，然后加以改善，不好吗？当然，如果是这样的心态的话，当然是很好，但问题是，往往自己看到别人好的地方之后，并不是开始好好努力学习，而是不断地埋怨自己，甚至认为自己一无是处。

与别人比并不要紧，看到别人的优点可以去学习，但是这不应该是自卑和烦恼的理由。事实上，为与人攀比而生气的人，往往是自身的性格和心理上的问题，使自己产生了自卑的心理。跟心理医生谈谈，就可以更好地了解自己为什么会产生自卑的心态了。

在一家公司当干事的老王，就是因为自己被少评一级职称，少长两级工资，便耿耿于怀，终日喋喋不休，有时甚至出口大骂，已发展到精神失常的状态。朋友劝其想开些，他根本听不进去，不久便得绝症去世了。细想起来，实在不值得。如果早早自我调节，看到人家事业有成时，如果自己从中看到了努力的方向，脚踏实地，好好工作，也许下一次涨工资的就是自己了。总之，如果能及时调整心态，结局就不会如此了。

所以，人比人是不是气死人，就看我们怎么比，看我们能否调整自己的心态。

不要和别人攀比，他们有他们的生活，我们有我们的目标，幸福的形式是多样的，鞋子合不合脚，只有穿鞋的人知道，别人都是毫不知情的旁观者而已。同样的道理，别人的痛苦我们也感受不到，我们看到的别人所谓的幸福极可能只是一种假想：一个住别墅的商人可能欠债百万，一个开奔驰跑车的企业家可能已经濒临破产，一对手挽手走进饭店的夫妻可能刚刚协议离婚……所以不要把自己的幸福定位在别人身上，实实在在地过好自己的日子吧！

宫殿有悲，茅屋有笑

这世间，有的人家财万贯、锦衣玉食；有的人仓无余粮、柜无盈币；有的人权倾一时、呼风唤雨；有的人抬轿推车、谨言慎行；有的人豪宅、香车、娇妻美妾；有的人丑妻、薄地、破棉衣……一样的生命，不一样的生活，常让我们心中生出许多感慨。

看到人家结婚，车如龙、花似海，浩浩荡荡，又体面，又气派。想想当年的自己，几斤水果、几斤糖，糊里糊涂地就和自己的男人圆了房，心里就屈。

看到人家朝有提拔，暮有进步，今日酒吧，明日茶楼，而自己却总在原地，窝在家里，像只冬眠的熊，心里就酸。

看到人家逢年过节，送礼者踏破门槛、挤裂墙，而自家却是“西线无战事”、“顿河静悄悄”，心里就妒。

看到人家儿成龙、女成凤，而自家小子又倔又犟没出息，心里就怨……

看看别人，比比自己，生活往往就在这比来比去中，比出了怨恨，比出了愁闷，比掉了自己本应有的一份好心情。

凡事总是与别人比较，或许是人的一种天性。看到人家好，人家强，凡夫俗子，哪个不心动？就算是道人法师，也要三声“阿弥陀佛”，才能镇住自己的欲望和邪念。生活的差别无处不在，而攀比之心又难以克制，这往往给人生的快乐打了不少折扣。但是，假如我们能换一种思维模式，别专拣自己的弱项、劣势去比人家的强项、优势，那样我们就活得轻松了许多。要把眼光放低一点，学会俯视，多往下比一比，生活想必会多一份快乐，多一份满足。正如一首诗中所写：“他人骑大马，我独跨驴子，回顾担柴汉，心头轻些儿。”再说骑大马的感觉也并不一定就是我们想象得那么好，也许跨着驴子，优哉游哉，尚能领略一路风光，更感悠闲、自在。

理性地分析生活，我们也许会发现：其实，终其一生，生活对每一个人都是公平、公正的，没有偏袒。人生是一个短暂而漫长的过程，在这个过程中，每个人所拥有和承受的喜怒哀乐、爱恨情仇都是一样的、相等的。这既是自然赋予生命的权力，也是生活赋予人生的权力，只不过我们享用、消受的方式不同而已。这不同的方式便演绎出不同的人生。于是，有的人先苦后甜；有的人先甜后苦；有的人大喜大悲、有起有落；有的人安顺平和、无惊无险；有的人家庭不和，但官运亨通；有的人夫妻恩爱，却事业受挫；有的人财路兴旺，但人气不盛；有的人俊美娇艳，却才疏德亏；有的人智慧超群，可相貌不恭……正如古人所说“佳人而美姿容，才子而工著作，断不能永年者”。人间没有永远的赢家，也没有永远的输家，这一如自然界中“长青之树无花，艳丽之花无果；雪输梅香，梅输雪白。”

有一妇人，年轻的时候，貌美如花，贤慧能干，可嫁人十年，就“克死”了三个丈夫，当年一双水灵灵的眼睛硬是被泪水泡得混浊痴呆。当她的第三个丈夫撒手而去的时候，她发誓不再嫁人。她拉扯着儿女守寡至今，现在已经60多岁了。几十年来，村子里的人压根儿就没见她笑过，大家同情她、可怜她，说她命真苦。可就是这么一个命苦的人，养的一儿一女却格外地争气，双双考取名牌大学，并都在京城成家立业。两兄妹亲自开着轿车回来，把母亲接到北京。那会儿，老人僵硬的苦脸终于露出了欣慰的笑容，乡亲们也第一次向老人投去羡慕的眼光，大家都感慨地说，真是苦尽甘来呀！是啊，也许这就是生活，有苦有甜，有悲有喜，有山穷水尽之时，也有峰回路转之日。

有些人羡慕那些名星、名人，认为他们日日淹没在鲜花和掌声中，名利双收，世间苦痛都与他们无缘。其实名导谢晋的儿子是弱智，美国总统里根曾几度风光，晚年却备受老年痴呆症的折磨……

俗话说："人生失意无南北"。确实，宫殿里有悲哭，茅屋里有笑声。只是，在平时生活中，无论是别人展示的，还是我们所关注的，总是其风光的一面、得意的一面，这就像女人的脸，出门的时候个个都描眉画眼、涂脂抹粉、光艳靓丽，这全都是给别人看的；回到家后，一个个都素面朝天。这就难怪男人们感叹：老婆还是别人的好！于是，站在城里，向往城外，而一旦走出围城，才发现生活其实都是一样的。

幸福的人不会为了幸福去追求那些他们没有的东西。我们不需要特定的工作或者是特定的薪水。恰恰相反，我们应该学着从自己的拥有获得幸福，学会满足的艺术。满足于自己所拥有的，我们就能变得快乐。

宰相肚里能撑船

电视剧《成长的烦恼》讲的都是烦恼之事，但是主人公对儿女、邻居的宽容，最终把烦恼都化为了捧腹的笑声。

人的烦恼一半源于自己，即所谓的画地为牢、作茧自缚。芸芸众生，各有所长，各有所短。争强好胜若超过一定限度，往往受身外之物所累，失去做人的乐趣。只有承认自己某些方面的欠缺，才能扬长避短，才能不让嫉妒之火吞灭心中的灵光。

让自己放轻松一些，心平气和地工作、生活，这种心境是充实自己的良好方式。淡泊人生是耐住寂寞的良方。轰轰烈烈固然是进取的写照，但成大器者，绝非是热衷于功名利禄之辈。

俗语有“宰相肚里能撑船”之说。古人的与人为善之美、修身立德的谆谆教诲也警示世人，一个人若胆量大、性格豁达，方能纵横驰骋；若纠缠于无谓的鹬蚌之争，非但有失儒雅，反则终日郁郁寡欢、神魂不定。唯有对世事时时保持心平气和、宽容大度，才能处处契机应缘、和谐圆满。

如果一语龃龉，便报复打击；一事唐突，便种下祸根；一个坏印象，便一辈子记恨于心，这就说不上宽容，就会被称为“小肚鸡肠”。真正的宽容，应该是既能容人之短，又能容人之长。对才能出众者也不嫉妒，唯求“青出于蓝而胜于蓝”，热心举贤，甘做人梯，这种精神将为世人称道。

人要活得愉快，就得少烦恼；要少烦恼，心胸就得豁达一些，宽广一些，学会宽恕自己和容忍别人，这就叫做宽舒人生。本来，生活就应该从容不迫，悠然自得。

心平气和，首先就得接受自己，不对自己要求过分苛刻，也不看不起自己。遇到不幸和灾祸，我们会像其他人一样痛苦，但是他们能够想得开，而且能照常生活。他们也不像有些人那样，为可能发生的灾祸忧心忡忡，他们会做一些必要的准备，但是不会为此而身心憔悴。

心平气和的人生活得很随意，他们摸透了自己的脾气，知道自己的欲望和观点，干什么事都不用先去调查求证，或者察颜观色，看别人的意见，他们只管我行我素，走自己的路。

同时，心平气和的人能够容忍他人，容忍自己所不知道的东西。他们知道生活是变化无常的，这是个人所无法改变的现实，人不但要接受这种现实，而且还要从这种现实中找到乐趣，大可不必提心吊胆、顾虑重重。对于自己不懂的事情，他们总是采取承认的态度，承认之后再去慢慢琢磨它，了解它。

春暖花开，笑容一样灿烂，因为有阳光，它给了大地温暖，给了我们幸福；因为有你，我还快乐着。宽恕自己，宽容别人，这是一种幸福的解脱。

不做贪婪的渔婆

有一个渔夫，他捕到了一条金色的鲤鱼。鲤鱼要求渔夫放了他，渔夫有什么愿望它都可以答应。渔夫很是善良，于是不要任何回报地放了它。后来，渔夫回到家中，跟自己的妻子说了这个事情。妻子很是生气，对他说至少要换一个木盆吧，家中的木盆实在是用不了了。渔夫一听确实有道理，于是跑去找鲤鱼。鲤鱼很是爽快地答应了。愿望实现后，渔夫妻子的要求越来越高，先要了新房子，后来要了仆从，直到当了女皇，最后还想统治全天下。鲤鱼对渔夫妻子的要求实在是忍无可忍，最后还是让她回到了最初拥有一个破木盆的状态。渔夫的妻子过于贪婪，不能做到知足常乐，所以最后什么也得不到。

从前，有一个商人，他随身带了300头骆驼，还有120个仆从。有一天，他在一家旅店和别人夸夸其谈！他说他在某地有一批货，在某地还有很多房产。他打算先去某地住上一段时间，然后去另一个地方旅行。别人问他旅行计划如何，他回答说他将去那个地方看看有没有什么东西有利可图，如果有就顺便带回来。等自己赚了足够多的钱就再也不奔波了，再去旅行。别人笑了，对他说其实如果去旅行的话，他遇到觉得有利可图的东西还是会带回来，让他停顿下来是不可能的，因为他过于贪婪。有人曾经在沙漠里看到一个快死的商人，他的遗言是：贪婪的眼睛如果得不到满足，终究会被黄土封住。

人无论追求什么，一定要有度，无度的话很容易让人招惹上灾祸。其实，要想控制自己的贪心，最好的办法就是给自己定一个目标，达到目标后就立即转型。追求财富的人应该给自己一个追求财富的目标，这个财富应该是自己通过努力能够达到的，是一种理想，而不是一种幻想。在达到以后就停止对财富的追求，去做一些自己想做的事情。

“人心不足蛇吞象”，做人不可以太贪婪，贪婪会使人如故事中的渔婆一样一无所获。

第九章

拥有正能量，你会处处受欢迎

茫茫人海，滚滚红尘，回眸四望，欣赏是一道绝美的风景，一隅人人渴望、四季相宜、风味独特的景观。学会欣赏，我们便懂得享受；学会欣赏，我们便拥有快乐；学会欣赏，我们便走近幸福。学会欣赏，用自己的正能量去感染别人，那么彼此都会成为一个受欢迎的人。

人人都希望成为别人注视的“焦点”

一位哲人说过：“人性中最深切的心理动机就是获得赏识的渴望。”

台湾著名作家三毛在散文《一生的战役》中写道：“我一生的悲哀，并不是要赢得全世界，而是要请你欣赏我。”这个“你”是她的父亲。一天深夜，父亲读了三毛的这篇文章，给她留条：“深为感动，深为有你这样一株小草而骄傲。”三毛看到以后，“眼泪夺眶而出”，写道：“等你这句话，等了一生一世，只等你——我的父亲，亲口说出来，扫去了我在这个家庭里用一辈子消除不掉的自卑和心虚。”

由此可见，每个人都希望被人欣赏，不管他是乞丐还是大亨，是农民还是哲学家，是学生还是教师……著名心理学家杰丝·雷尔评论说：“称赞对于温暖人类的灵魂而言，就像阳光一样，没有它，我们就无法成长开花……”

在我们的现实生活或工作中，很多人都在为生活、为事业奔忙，关注的都是自己，似乎无暇关注并欣赏身边的人和事，人际淡漠、拒人千里；而有的人似乎也只看到自己的优势，觉得别人都不如己，一副趾高气扬、盛气凌人的姿态；还有的人从不相信别人做事，总是横加挑剔与指责，没有宽容、爱人之心，凡此种种，不一而足。懂得欣赏别人，便多一份尊重与理解，多一份坦荡与赞美，少一份挑剔与指责，少一份误解与不信任，这既彰显着自己的人格，实现着自我的成长和自我的升华，更是对他人的激励与鼓舞，让别人拥有更多的自信和勇气，并且无论自己还是别人都会获得一种前进的力量，感受到平等与平和，感受到动力与活力。

工作繁冗，一个认可的眼神，一句轻轻短短的赞美也许就换来了他人成倍的努力，因为无论对谁都需要这样的话语，如：你想到了我没想到的；你是正确的；你做得很对。

正如先哲培根所说："欣赏者心中有朝霞、露珠和长年盛开的花朵，漠视者冰结心城、四海枯竭、丛山荒芜。"

遗憾的是，大多数人对于别人的美好行为或成绩视为理所当然，认为放在心里就行了，而不善于把赞美的阳光给予别人，这种做法大错特错。真诚的赞美会被人们视为珍宝，并重复它们，即使我们已经遗忘，人们还会重新提起。那么，为什么不现在就让对方知道我们对他的赞美，感受到这种美好呢？

小小的亲切可以推动世界，轻轻的掌声足以温暖人生，每个人都喜欢听好听的话，每个人都渴望看到别人赞许的目光，渴望得到别人赞美的话语。这是每个人都会有的渴望。换位思考一下，别人也同样渴望得到我们的赞美。所以，学会赞美别人往往会成为我们处世的法宝。

欣赏别人，别人也会感激你

英国首相丘吉尔说："要人家具有怎样的优点，你就怎样去赞美他！"这说明，赞美具有引发潜能的作用。

有一种探测器，用来测量疲倦的程度。当疲倦的孩子被称赞时，探测器显示体能急剧上升；当孩子被批评或指责时，则显示他们的体能急剧下降。我们成年人不是也有这样的感受吗？当有人因为我们的出色工作而感谢我们时，我们的精神会变得非常兴奋，我们也会因此而更加努力工作。

台湾著名作家林清玄青年时代做记者时，曾报道过一个小偷作案手法非常细腻，犯案上千起的新闻。文章最后情不自禁地感叹："像心理如此细密、手法那么灵巧、风格这样独特的小偷，做任何一行都会有成就的吧！"

林清玄不曾想到，他率真率性写下的这几句话竟影响了一个青年的一生。当年的小偷因这几句话猛然深省，把才智用在了正道上，如今，已经是台湾拥有几家店铺的老板了！

有人说，一个人活着，就是为了避免惩罚，或者说是为了获得赞美。一位老妇人说，每次有人称赞她漂亮时，她一定会说："谢谢！我因此可再多活一年。"她的话说得很对，因为称赞会给我们新能量和新生命。如果我们能给别人更多的生命力，我们就是在创造奇迹。而做到这一点很简单，只要每天都能诚心诚意地欣赏并赞美别人即可。

对于被欣赏者来说，欣赏是一种引导和激励。美国有一个孩子，他经常和人家打架，还把别人的小狗扔进水池。他9岁那年，父亲娶了继母，父亲对继母说："亲爱的，你要好好注意他，他是全州最坏的孩子，可让我头痛死了。"继母好奇地走近了这个孩子，当她对孩子有了了解之后对丈夫说："你错了，他不是全州最坏的孩子，而是最聪明的孩子，只是还没有找到发挥他聪明的地方罢了。"继母很欣赏这个孩子，在继母的引导下，他很快走上了正路。这个被父亲断言为"全州最坏的孩子"，后来竟成了美国当代著名的企业家和思想家，他就是卡耐基。

欣赏使小偷变成了小老板，欣赏使顽童变成了思想家。

为什么欣赏具有如此神奇的力量呢？这是因为人类本质中最殷切的要求是渴望被肯定。不少人因为被欣赏而建立起自信，因为被欣赏而更加茁壮地成长。当然，欣赏是有前提的，是有原则的，而且未必能解决所有的问题，但是，从客观上看，从时代的发展和人际关系的角度看，欣赏的力量确实是不可替代的。

培根说："欣赏者心中有朝霞、露珠和常年盛开的花朵，漠视者冰结心城、四海枯竭、丛山荒芜。"让我们在生活中多一些欣赏，欣赏是一种给予，一种馨香，一种沟通与理解，一种信赖与祝福。

欣赏别人，创造奇迹的方法

威廉·詹姆士说：“人类本质里最殷切的需求是渴望被人肯定。”被誉为人际关系之父的美国成功学家戴尔·卡耐基说：“这种渴望不断地影响着人的心灵，少数懂得满足人类这种欲望的人便可以将他人掌握在自己的手中。”

1960年，美国哈佛大学罗森塔尔博士曾在加州一所学校做过一个著名的实验。新学期开始，校长对三位教师说：“根据过去的教学表现，你们是本校最好的教师。学校特地挑了一些最聪明的学生给你们教。记住，这些孩子的智商比同龄的孩子都要高。”校长再三叮咛要像平常一样教他们，不要让孩子和家长知道他们是被特意挑选出来的。这三位教师非常高兴，更加努力了。一年后，这些学生是全校最优秀的，分数甚至高出其他学生的几倍。

其实，这些学生的智商并不比其他学生高，那三位老师也不是最优秀的，而是在教师中随机抽取的。但正是由于学校对教师的期待和欣赏以及教师对学生的期待和欣赏，才使教师和学生都产生了一种努力改变自我、完善自我的进步动力。

有一位母亲参加家长会，老师对她说：“你的儿子有多动症，在板凳上连三分钟都坐不了，你最好带他去医院看一看。”母亲有一点难堪，因为全班有30位小朋友，唯有他表现最差；唯有对他，老师表现出不屑。

回家的路上，儿子问母亲老师都说了些什么，母亲告诉她的儿子：“老师表扬你了，说宝宝原来在板凳上坐不了一分钟，现在能坐三分钟。其他妈妈都非常羡慕妈妈，因为全班只有宝宝进步了。”

那天晚上，她儿子破天荒地吃了两碗米饭，并且没让她喂。

儿子上小学了。家长会上，老师说：“这次数学考试，全班50名同学，你儿子排第40名，我们怀疑他智力上有些障碍，您最好能带他去医院查一查。”

回去的路上，她流下了泪。然而，当她回到家里，却对坐在桌前的儿子说：“老师对你充满信心。他说了，你并不是个笨孩子，只要能细心些，会超过你的同桌，这次你的同桌排在第21名。”

说这话时，她发现儿子黯淡的眼神一下子充满了光，沮丧的脸也一下子舒展开来。她甚至发现，儿子温顺得让她吃惊，好像长大了许多。第二天上学，去得比平时都要早。

孩子上了初中，又是一次家长会，她坐在儿子的座位上，等着老师点她儿子的名字，因为每次家长会，她儿子的名字在差生的行列中总是被点到。然而，这次却出乎她的预料——直到结束，都没有听到。她有些不习惯，临别时去问老师，老师告诉她：“按你儿子现在的成绩，考重点高中有点危险。”

她怀着惊喜的心情走出校门，此时她发现儿子在等她。路上她扶着儿子的肩膀，心里有一种说不出的甜蜜，她告诉儿子：“班主任对你非常满意，他说了，只要你努力，很有希望考上重点高中。”

高中毕业了，第一批大学录取通知书下达时，学校打电话让她儿子到学校去一趟。

她有一种预感，她儿子被清华录取了，因为在报考时，她给儿子说过，她相信他能考取这所大学。她儿子从学校回来，把一封印有清华大学招生办公室的特快专递交到她的手里，突然转身跑到自己的房间里大哭起来，边哭边说：“妈妈，我知道我不是个聪明的孩子，可是，这个世界上只有你能欣赏我……”

这时，她悲喜交加，再也按捺不住十几年来凝聚在心中的泪水，任它打在手中的信封上……

赞赏别人是尊重人的重要方面，也是人的美德之一。以欣赏的心态对待别人会发生很多奇迹，就像这个孩子一样，得到了欣赏，他就变成了另外一个人。

在社会生活中，每一个人都渴望得到别人的欣赏，同样，每一个人也应该学会去欣赏别人。欣赏与被欣赏是一种互动的力量，欣赏者必具有愉悦之心、仁爱之怀、成人之美之善念。因此，学会欣赏应该是一种做人的美德，肯定了别人也是肯定了自己。

欣赏别人，你的沟通更顺畅

据统计资料表明：在一个人获得成功的因素中，85%决定于人际关系，而知识、技术、经验等因素仅占15%。其实，几乎所有的人都懂得处理好人际关系的重要性，但尽管如此，大多数的人都不知道怎样才能处理好人际关系，甚至相当多的人错误地认为拍马屁、讲奉承话、请客送礼才能处理好人际关系。其实，处理人际关系的诀窍在于我们必须有开放的人格，能真正地去欣赏他人和尊重他人。

一个人希望得到他人欣赏，并不等于贪图虚荣、好面子；一个人懂得欣赏他人，也不是不顾事实、只唱赞歌。欣赏他人是对别人的肯定和鼓励。当别人有值得称赞之处时，我们毫不吝啬地给予诚挚的赞美，会使交往变得和谐而温馨。换个角度想，若有人对我们发自内心地欣赏，我们肯定会由衷地喜欢他并对他真诚相待。

有一位女大学生去看心理咨询医生，她因为宿舍中人际关系紧张而苦恼。在宿舍里同学们互不来往，各自忙着自己的事情，似乎相互都有戒心，很难知心交谈，宿舍气氛沉闷，她希望改变这种状况，但又不知从何做起。医生告诉她：从现在开始，试着夸奖他人，真心赞赏他人的长处，如："你今天气色很好！""你的眼睛真亮！""这件裙子对你再合适不过了！"等等。不久以后，她告诉医生，宿舍的气氛完全变了样，大家相互帮助，彼此关心，在一起时有说有笑，下课后都愿意回宿舍，好像宿舍有一种无形的吸引力。

其实，懂得欣赏他人是一种美德。付出赞美，自尊心就不会受到损伤，相反还会收获友谊与快乐，同时，还可以矫正我们的狭隘自私和嫉妒心理，从而培养出大家风范。而一个提倡欣赏的团队将会是一个关系融洽的大家庭，团队中的每一位成员都会心情舒畅，这个团队的凝聚力自然会提高。

要学会从内心深处去尊重他人，首先必须能客观地评价别人，能找得出别人的优点，我们会发现亲人、朋友、同事、上司或下属身上都有令我们佩服、值得我们尊重的闪光之处。我们会发自内心地去欣赏和赞美他们，我们会在行为上以他们的优点为榜样去模仿他们。这时我们就会发自内心地去尊重和欣赏他人，我们就达到了处理人际关系的最高境界。换个角度想，若有人对我们有发自内心深处的毫不虚假地欣赏和尊重，我们肯定会由衷地喜欢他（她）们并与他（她）们真诚相待。

与上司、同事、下属相处时，当我们能去客观地发掘别人的优点、真诚地尊重和欣赏别人时，我们的人际关系便如鱼得水了。但一些人认为怀才不遇，他们看到自己上司一点点不如自己的地方便认为上司不如自己，从内心上看不起上司，私下抱怨上司，工作上不配合上司，结果连与上司的关系都处理得不好，更不用说同事和下属了，这种人必然会自食其果，在社会中很难生存。

用欣赏人、尊重人的方式去处理人际关系有许多好处：其一，成本最低，不用花费金钱去请客送礼，不用伪装自己去浪费感情；其二，风险最低，不必担心当面奉承背后忍不住发牢骚而露馅儿，不必担心讲假话，提心吊胆，梦寐不安；其三，收获最大，因为我们能真心尊重和欣赏别人，我们便会去学习别人的优点去克服自己的弱点，使自己不断地完善和进步。

一个懂得用欣赏人、尊重人处理人际关系的人会过得很愉快，别人也会同样地欣赏和尊重他，而一个提倡欣赏和尊重人的团队将会是一个关系融洽的大家庭，团队中的每一位成员都欣赏和尊重别人，每一位成员也受到别人的欣赏和尊重，每一位成员都会心情舒畅，于是这个团队的凝聚力会提高。

欣赏别人，你也会完美自己

“生活中不是缺少美，而是缺少发现的眼睛。”这是因为人们常犯一个通病，容易看到别人的缺点，而很难看到别人的优点。

著名作家刘墉在《成长是一种美丽的疼痛》中写了一件事。一天，女儿小帆在翻看星座书，书上说，她和双子座及天秤座的人最为相合。小帆十分不解，因为她的一个叫珍妮的同学就是双子座，小帆并不喜欢她，还有一个同学叫玛丽，是天秤座，小帆同样也不欣赏她。于是，刘墉开始了和女儿小帆的讨论。下面是他和女儿的对话：

"双子座的人有什么优点？"

"他们聪明，善于变化。"

"天秤座的人有什么优点？"

"没有！他们很懒！"

"可是懒就完全不好吗？他们稳重，不容易冲动。所以，我们身边的朋友不见得非要和我们完全一样，他们甚至可以和我们完全相反，这样，相互之间才可以互补促进。"

欣赏他人是与自身的修养分不开的，有了爱才之心、容人之量，才能透过一个人的表象看到他内在的美和善。在生活中，只要客观地观察别人和自己，我们会惊奇地发现，所有我们接触到的人，都可以找出优点来。欣赏他人是一种智慧，因为我们在欣赏他人的时候也能以人为镜，看到自己的不足，从而不断克服缺点，不断地提升和完善自我。

一名记者曾做过一次调查：经常欣赏、夸奖、赞美他人的人，往往处世积极乐观，受人尊敬，不常生病，并且比一般人长寿；而常爱指责、抱怨的人，不但没有朋友，孤单落寞，而且心理脆弱，比一般人寿命短。

说欣赏他人的话，既利人又利己。每个人都有自己不喜欢的人，这是再正常不过的事情，但不能就此放任我们的这种思想，相反，我们要学会赞美自己的亲人、朋友，并把它变成习惯。

嫉妒不再，因为你会"欣赏"

欣赏他人的大敌是嫉妒。

所谓嫉妒，一般是指个人在意识到自己对某种利益的（潜在）占有受到（潜在）威胁时产生的一种情绪体验。嫉妒心理总是与不满、怨恨、烦恼、恐惧等消极情绪联系在一起，构成嫉妒心理的独特情绪。不同的嫉妒心理有不同的嫉妒内容，在名誉、地位、钱财、爱情这四个方面表现得尤为突出。还有的嫉妒者，只要是别人所有的，都在其嫉妒之内。

嫉妒是一种难以公开的心理，常发生在一些与自己旗鼓相当、能够形成竞争的人身上。古今中外，嫉妒置人于死地的事情不胜枚举。

三国时期的杨修就是中国古代历史上因被嫉妒而招来杀身之祸的典型事例。凡是读过《三国演义》的人，都知道杨修其人。杨修乃曹操手下的一名高级谋士。他上知天文下通地理、才高八斗、博学多才、通古知今、才思敏捷、聪颖过人、能说会道，是魏国一个不可多得的人才。可杨修却英年早逝，死于丞相曹操的刀下。不为别的，只因他不谙为官之道，锋芒毕露，聪明反被聪明误，几次三番猜中曹操的计谋，使曹操不快，被曹操所不容，曹操借“鸡肋”事件，以动摇军心为借口将其诛杀。

今天的现实生活中仍然存在这样可悲的事情：事业有成、生活幸福的人，都有可能成为有心理障碍的人攻击的目标，孩子的生活也不例外。王敏和张兰的成绩在班里名列前茅。数学考试的前一天晚上，王敏打电话问张兰一道题。张兰费好大工夫才把这道题解出来，她不愿意让王敏不劳而获，又怕第二天考这道题时王敏也做对，成绩分不出高低，于是就将一个错误的思路告诉了王敏。考试的时候果然有这道题。王敏做错了，成绩一下和张兰拉开了距离。一次小小的考试，竟使两人相互忌恨，一直到毕业。

嫉妒心理既害人又害己，发展到一定程度，会给被嫉妒的人造成很深的心理伤害。美国心理学家纳撒尼尔·布兰登博士说：“这种致命的嫉妒是自我失落的产物。别人的成功很可能暴露出自己的空虚、贫乏。”有强烈嫉妒心理的人，他们不是想着自己怎样干得更出色，而是想怎样让对方倒霉，变得不如自己。他们害怕在别人的成功中显得自己无用，于是说坏话、传闲话、告黑状、搞小动作，以打击别人，抬高自己。同时，嫉妒别人的人自己在精神上也备受折磨，正如法国大文豪巴尔扎克所言：“嫉妒者的痛苦比任何人的痛苦更大，他自己的不幸和别人的幸福都使他痛苦万分。”

嫉妒是心中的毒瘤，告别嫉妒最有效的方法是学会欣赏他人，为别人喝彩。为别人喝彩是人性中的公正和善良，这种美与善存在于每一个人的心灵深处，我们的责任就是要唤醒潜藏于心灵深处的美与善。

培养自信，坦然地欣赏他人

我们每一个人都希望自己能在各个方面都胜人一筹，然而，事实上这永远只能是一个梦想。一些心理素质不高的人，每当面对别人的优点与成绩时，往往禁不住妒火中烧，很难坦然地面对与欣赏。在这些人眼里，办事能力强变成了爱出风头，如果我们好心好意地去帮他，他私下里还担心我们无事献殷勤——非奸即盗。于是，这些人对待他人优点与成绩的态度也只能是要么不屑一顾，要么再恶劣点儿，实行打击、报复。这就带来了人际关系的恶性循环，自己的事业也会因此而严重受挫。

每个人都有自己的优点和成绩，都希望获得别人的肯定与赞美。有些优点和长处往往是与生俱来的，比如某人长得漂亮、智商很高等等。因此，对于别人的优点与长处的肯定不仅不会贬低自己的地位，而且可以使旁人从中认识到我们所具备的优良素质，从而获得他人的称赞。

战国时期，公子重耳与公子小白争夺王位，鲍叔牙辅佐重耳，而管仲则为公子小白出谋划策，最终公子重耳当上了齐国国君。重耳想拜鲍叔牙为相，鲍叔牙却说："公子如果想统治齐国，任我为相就足够了，而公子如果想一统天下，则非拜管仲为相不可。"最终，重耳任用管仲而成为一代霸主。鲍叔牙虽然不及管仲有才华，但却能坦然地欣赏管仲的优点和长处，并大力举荐，从而获得了天下人的称赞，并借此得以留名青史。

面对他人的成绩，我们首先应该懂得，成绩是他人的勤劳加汗水所赢得的，我们应该坦然地欣赏他人的劳动成果，并予以肯定。与此同时，检讨自己，虚心请教，学习他人的勤奋向上的精神。主动请求别人向我们传授学习工作的要领，不仅是对他人成绩的一种高度地赞扬，而且也可以督促自己继续前进。这既有利于我们技术水平的提高，也有利于我们处世水平的提高。

要坦然地欣赏别人的优点和成绩，还需要相当多的自信和勇气。在日常生活中，我们经常会遇到别人比自己强的情形，而赞美之词却怎么也说不出口，主要是因为缺乏自信心，觉得自己不如对方，于是心理失衡，没有勇气为对方喝彩。要么觉得"不好意思"；要么认为自己与之相比，结果昭然自明，不用多此一举；要么觉得自己人微言轻，赞美了也不会引起重视，还害怕会引起非议，被人误解为溜须拍马。结果，不仅失去了一次坦然地欣赏别人优点与长处的机会，也失掉了一次抛弃自卑与胆怯心理的机会。

富兰克林有句名言：“良好的态度对于事业与社会的关系，正如汽油对机器一样重要。”因此，如果我们是一位品格高尚的人，不妨试着去发自内心地赞美一位与我们正相互竞争的同学或者是同事，甚至举荐一位有可能位居我们之上的职员给老板，这是一种更高境界的赞美。

赞美很妙，它让你左右逢源

俗话说：“牵牛要牵牛鼻子。”赞美同样要抓住关键，这就需要洞察对方心理，了解对方的心理需求。切不可“哪壶不开提哪壶”。

有一次，相声演员侯跃文对他的父亲侯宝林说：“爸爸，我最近听到一些反映，说商店里某些服务员的态度差，常给顾客吃‘冷面’。我想写段相声讽刺一下。”

侯老听了，沉思了一会儿，说：“你想讽刺服务员，可你了解他们吗？工资不高，上班一站就是八九个钟点儿，不辛苦？再说，哪家不兴有个不顺心的事儿？谁能老有笑模样，又没吃‘笑素’？顾客里头也有捣蛋的，遇上那号人，你乐得起来？我不是说服务员有缺点就不能讽刺，得先去搞点调查研究，了解他们的工作和生活，体谅人家的难处，那才能写出感情，批评得入理。”

侯老的一席话充分体现了他对他人的理解。只有理解他人的心理，了解他人的苦怒哀愁，才能把握好说话的内容与分寸，才能知道如何抓住对方的心理赞美对方。

曾有心理学家做过这样一个实验：他们从一群大学生中挑出一个最平庸自卑、最不招人喜欢的姑娘，特意安排她的同学对她改变看法，对她表示喜爱和赞扬。于是，从这天起，这个姑娘的周围充满了赞扬和热心的帮助。有人夸她，有人说她心灵手巧，有人送她礼物，有人每天与她一起回家……奇迹发生了，一年以后，这个原本默默无闻、自卑感很强的姑娘变得活泼开朗、有说有笑、充满自信，她的学习成绩、仪表风度和以前比也大有改善，像是换了个人。

赞扬和鼓励确实有这样的魔力，只要我们懂得一个人最需要什么。

如上文所说的那个姑娘，她以前是那么卑微、胆怯，这样的人渴望别人的理解和尊重，那么是否人人都渴望得到尊重呢？一个位高权重、不可一世的人呢？

在日本历史上身为摄政大臣的丰臣秀吉，权倾一时，不可一世。下面这件事则体现出他与一般人有着同样的心理需求。

有一年，他听说松蘑大丰收，便突然提出要亲自去采松蘑。但当时时令已过，哪还有松蘑的影子，家臣不得已，只有前一天在他要去的那块地插上松蘑。第二天，秀吉来了，看到满地松蘑，不仅赞叹道："太好了！"这时，有位善于投机的家臣告诉他这些松蘑都是临时插上的。其他家臣得知有人告密，个个魂不附体。因为他们知道秀吉这个人对不忠诚于他的人向来是严惩不怠的。但这次秀吉笑着说："这是大家为了满足我的愿望才做的，是一片好心。好久没见到这样的松蘑了，也勾起我对往昔农村生活的回忆，我很高兴。"

任何人都需要尊重，需要赞美，正如马克·吐温所说："一句美好的赞美，能使我们不吃不喝活上两个月。"

第十章

拥有正能量，逆境也会变成顺境

成功本身并不难，难的是成功之前面对失败的精神品质。人生是一场搏斗，敢于搏斗的人，才可能是命运的主人。拥有正能量，即使在山穷水尽的绝境里，再坚持一下，你就能看到柳暗花明。在冰天雪地的严寒中，再坚持一下，你也会迎来温暖的春风。

还有一口气，就该继续向前

罗曼·罗兰曾说："生活是一场艰苦的斗争，永远不能休息一下，要不然，你一寸一尺苦争来的，就可能在一刹那间前功尽弃。"因此，只要我们还有一口气在，就不能停下前进的脚步，向前，向前，一直坚持向前走。

有这样一则寓言：在一间工具房中，有一些工具聚在一起开会，大伙商量要怎样对付一块坚硬的生铁。

斧头首先耀武扬威地说："让我来，我可以一下子就把它解决了。"于是，斧头很用力地对着铁块砍下去。可是，只有一会儿的工夫，斧头便钝了，刃都卷了起来。

"还是我来吧！"锯子信心十足地说着，它用锋利的锯齿在铁块上来回地锯，但是没过多久，锯齿都锯断了。

这时，锤子笑道："你们真没用，退到一边去，让我来显显身手。"于是，锤子对铁块一阵猛锤猛打，其声震耳。但锤了好久，锤子的头也掉了，铁块却依然如故。

“我可以试试吗？”小小的火焰在旁边请求说。大家都瞧不起它，但还是给它一个机会试试。

小火焰轻轻地盘着铁块，不停地烧，不停地烧。过了一段时间，在它坚韧的热力之下，整个铁块终于烧红，并且完全熔化了。

小火焰的恒心提醒你了吗？想一想周围的成功者和失败者，我们经常会发现，有的人很聪明，却毫无建树，而有的人虽然生性驽钝，却常常有所成就。其中的奥秘就在于笨人能坚持不懈地来弥补自己的缺陷。而聪明人常自以为是，忽视了持之以恒的重要性。

熟悉金庸小说的人都知道《射雕英雄传》中的郭靖资质愚钝、不善变通，因而自小学武就是一件费力的事。纵然有江南七怪的悉心指点，郭靖要成为武林高手的希望也十分渺茫。但是郭靖天生有一股勤修苦练、持之以恒的耐性。这一点，加上不错的运气，最终使他成为一代武学高手，威震武林。

在飞速前进的现代社会，人们没有耐心和恒心，一做事就缺乏毅力，缺乏持之以恒的精神。而这正是成功的大敌，故要想有一番作为，不虚此生者，必须学会坚持，不到黄河心不死。

遗忘的角落里，我们享受孤独

如果在别人的关注下，我们还可以忍受心灵的孤独，那在被别人遗忘的角落，我们是否能够依然承受这样的煎熬？如果我们能做到这一点，那注定有被人瞩目的一天，注定有被人记住的一生。也许我们在平日里并没有多大的欲求，也许我们只是执著于自己的某种爱好，也许我们的举动曾经遭到别人的讥笑，但只要不放弃，只要一点点地坚持做下去，我们就能有意想不到的收获。

许多年以前，在荷兰的一个小镇，来了一个只有初中文化水平的年轻农民，他的名字叫列文虎克。他的工作主要是为镇政府守大门，他在那儿一干就是60多年。在工作之余，他从来不打牌，不下棋。他只有一个爱好，那就是磨镜片。为了钻研磨镜技术，他到处求师访友，向眼镜匠学习，向炼金家请教。常常磨镜片磨到深夜都不肯罢手。由于这种对镜片的爱好，所以他一下班就躲到屋里忙活起来，这自然就减少了与亲友交流的时间，所以被亲人误解，常常被认为是“不近人情的家伙”。对此，列文虎克无动于衷，依然锲而不舍地钻研。他磨出的复合镜片的放大倍数超过了专业技师，最终制成了当时无与伦比的精细显微镜，揭开了科技尚未知晓的微生物世界的“面纱”，为此他被授予巴黎科学院院士的头衔。英国女王访问荷兰时，还专程到这个小镇拜会他，英国皇家学会也把他选为了其中的会员。

列文虎克的成功就在于他拥有了坚韧不拔的精神。许多人在事业上的失败，常常不是因为没有选准目标，也不是因为难度太大了，而是因为他们缺乏坚强的意志和坚韧的品格。列文虎克打磨镜片，一干就是60多年，其中的艰辛、枯燥和乏味不言自明，没有坚韧不拔的意志和锲而不舍的精神是万万不行的。他走的是一条艰辛的荆棘路。打磨镜片在别人看来是太平常的一件工作，但正是在这种细小平凡的事情中才能看出一个人做事的态度。列文虎克不同于其他人的想法，他想把手头上的每一块镜片都磨好，所以他扎扎实实、一丝不苟地做着这样的事情，用尽毕生的心血完成了每一个平淡无奇的动作。在他85岁那年，朋友们劝他安度余生，离开显微镜，他却说：“要做成一件事，必须花掉毕生的时间……”他活到90的高龄，也没有离开显微镜。正是把坚韧不拔的品格作为护身的法宝，列文虎克才走过了漫长而坎坷的崎岖小路，用辛劳的汗水浇出了绚丽的成功之花。

科学上的许许多多的所谓“一举成功”、“一鸣惊人”的壮举，都是长久地默默地坚持付出的结果，都是以钢铁般的意志和锲而不舍的精神去战胜无数困难的结果。诺贝尔奖金获得者——化学家戴维斯说：“真正的雄心壮志几乎全是智慧、辛勤、学习、经验的积累，差一分一毫也达不到目的。至于那些一鸣惊人的学者，只是人们觉得他一鸣惊人，其实他下的工夫和潜在的智能，别人事前未必能领会到！”

要想取得成功，没有什么“捷径”可走，也没有什么“锦囊妙计”，最需要的就是坚韧不拔的品格。正如法国微生物学家巴斯德所说：“告诉你使我达到目标的奥秘吧，我唯一的力量就是我的坚持精神。”

所以，忍耐是一种痛苦的磨炼，历经炼狱般的折磨而铭刻于心。尤其是搞科研的人员，如果没有持之以恒的精神，是不可能完成尖端的研究项目的。在那种条件下，挑战的不只是一个人的智力，更多的是对一个人心理素质的挑战。如果没有一个良好的心理素质，没有一个能够抵抗住外界压力和艰苦环境的忍耐精神，是不可能做出成绩的。

当一个人身处逆境时，很容易消极颓废，很容易产生懈怠的情绪，宁可坐在那里干等，也不愿意采取行动或是设法努力向前。他们信奉时间会解决一切，时间能够消除心灵的伤疤，无论对个人还是对事业，都抱着"除非确定事情肯定成功，否则不要去做"的态度。但事实上，很多事情根本无法提前很准确地知道它是否一定可行。所以这种人做起事来老是畏畏缩缩，这样他们常常感受不到生活的乐趣，找不到自己发展的方向，找不到自己奋斗的目标和寄托的希望。这种等待的状态并不是那种忍耐的状态。形势不明朗时我们必须忍耐一点，但却不能忘记自己前进的方向。如果想让自己有所成就，我们就必须全力以赴地去争取，积极地等待机会的到来。

如果我们是一颗珍珠，那就不用担心在贝壳里待的时间太长，就不要否定沙子的作用，总有一天我们会被发现，得到重用。

逆境之中，你会获益良多

人处逆境，往往能够看到很多顺境中看不到的东西。

一个年轻人大学毕业后，家庭和事业始终不顺，于是，他找自己的老师进行倾诉。在耐心听完学生的抱怨后，老师微微一笑，对他说："听起来你的处境确实不太好，这样吧，明天晚上到我家里来一趟。"

第二天晚上，年轻人如约来到了老师的住处。老师带他来到阳台，指着夜空问道："你能数清楚天上有多少颗星星吗？"年轻人有些莫名其妙，挠了挠头说："当然数不清了。""那么，白天你能看见这些星星吗？"老师又问。"不能！"年轻人更加茫然。

老师语重心长地说："白天，我们看到的最远的星球是太阳；但在夜里，却可以看见无数比太阳还远亿万倍的星体！当你的人生处在黑夜时，或许能让你看到更多、更远的风景。”

钻石和煤炭的构成元素都是碳，金刚石光彩夺目，而煤炭刚好相反。造成这种天壤之别的一个重要因素就是金刚石在地下多待了好多年。要想获得大成就，就要学会沉潜，就要懂得不断地积蓄力量。只要真有力量，就一定有发挥的舞台。

磨难是成长的食粮。失败得越多，成功的可能性就越大。世界著名发明家爱迪生发明电灯时，不知道经历了多少次失败。当他用成百上千种材料做灯丝实验失败时，有人问他浪费了这么多时间后是否后悔，他说谈不上后悔，因为他证明了这成百上千种材料是不适合当灯丝的。

人还要学会永远怀有梦想。1955年，有一个叫雷·克洛克的推销商，已经54岁了，这几十年来他一直在推销产品，但是无论他如何努力，他都做得很不成功，然而，与其他过了中年的人不同的是，他从来就没有放弃过成为富翁的念头。尽管到了54岁，他还在推销纸杯和奶昔机。然而，正是这一年，他看到了一家经营得十分好的快餐店，很快他就被这家店给吸引住了。在他的整个后半生，他都不辞辛劳地经营着这家快餐店——麦当劳。

在逆境中能坚持下来的人必然更加坚强。

人生在世，总会遇到不可预知的突发状况。在困窘面前，生气、焦虑、埋怨都不能从根本上解决问题。“山穷水尽疑无路，柳暗明又一村”，唯有静下心来，用智慧在困境中找出希望，才能出奇制胜地成为最后的赢家。

困难对你而言并非灾难

古希腊神话传说中有这样一个故事很耐人寻味：天神西绪弗因为在天庭犯了法，遭到宇宙之神——宙斯的惩罚，降到人世间来受苦。宙斯对他的惩罚是推一块石头上山。每天，西绪弗都费很大的劲儿把那块石头推到山顶，然后在回家休息时，石头又会自动地滚下来。于是，西绪弗又要把那块石头往山上推。这样，西绪弗不得不在永无止境的失败命运中受苦受难。西绪弗每次推石头上山时，其他天神都打击他，告诉他不可能成功。但西绪弗不肯认命，一心想着推石头上山是他的责任，只要把石头推上山顶，责任就尽到了，至于石头是否会滚下来，那不是他的事。

所以，当西绪弗努力地推石头上山的时候，他心中显得非常平静，因为他安慰着自己：明天还有石头可推，明天还有希望。

宙斯对西绪弗无可奈何，最后只好放他回到了天庭。

把困难当作机遇，把命运的折磨当作人生的考验，忍受今天的苦楚，寄希望于明天的甘甜，这样的人，即使是上帝对他也无能为力。

人的一生绝不可能是一帆风顺的，有成功的喜悦，也有无尽的烦恼；有波澜不惊的坦途，更有布满荆棘的坎坷与险阻。当苦难的浪潮向我们涌来时，我们唯有与命运进行不懈的抗争，才有希望看见成功女神高擎着的橄榄枝。

古人云："天将降大任于斯人也，必先苦其心志，劳其筋骨，饿其体肤，空乏其身，行拂乱其所为，所以动心忍性，增益其所不能。"苦难是锻炼人的意志的最好的学校。与苦难搏击，它会激发我们身上无穷的潜力，锻炼我们的胆识，磨练我们的意志。也许，身处苦难之时我们会备感痛苦与无奈，但当我们走过困苦之后，就会更加深刻地明白：正是那份苦难给了我们人格上的成熟和伟岸，给了我们面对一切无所畏惧的能力，以及与这种能力紧密相连的面对苦难的心态。

苦难，在不屈的人们面前会化成一种礼物。这份珍贵的礼物会成为真正滋润我们生命的甘泉，让我们在人生的任何时刻都不会轻易被击倒！

朋友们一定见过瀑布吧，美丽的瀑布迈着勇敢的步伐，在悬崖峭壁前毫不退缩，因山崖的碰撞造就了自己生命的壮观。有谁能说，这不是生命的美丽呢？

成功一百分，少一分都不成

不管做什么事，只要放弃了，就没有成功的机会。不放弃就会一直拥有成功的希望。如果有99%想要成功的欲望，却有1%想要放弃的念头，那么是没有办法成功的。

青年农民达比卖掉自己的全部家产，来到美国的科罗拉多州追寻黄金梦。他围了一块地，用十字镐和铁锹进行挖掘。经过几十天的辛勤工作，达比终于看到了闪闪发光的金矿石。继续开采必须有机器，他只好悄悄地把金矿掩埋好，暗中回家凑钱买机器。

当他费尽千辛万苦弄来了机器继续进行挖掘时，不久就遇到了一堆普通的石头，达比认为：金矿枯竭了，原来所做的一切将一钱不值。他难以维持每天的开支，更承受不住越来越重的精神压力，只好把机器当废铁卖给了收废品的人，“卷着铺盖”回了家。

收废品的人请来一位矿业工程师对现场进行勘察，得出的结论是：目前遇到的是“假脈”。如果再挖三尺，就可能遇到金矿。收废品的人按照工程师的指点，在达比的基础上不断地往下挖。正如工程师所言，他挖到了丰富的金矿，获得了数百万美元的利润。

达比从报纸上知道这个消息，气得捶胸顿足、追悔莫及。

也许，我们离成功只有一步之遥，只要再坚持一下，就可以敲开成功的大门，但如果此时停住前进的脚步，就意味着我们与成功失之交臂了。

日本的名人市村清池在青年时代担任富国人寿熊本分公司的推销员，每天到处奔波拜访，可是连一张合约都没签成，因为保险在当时是很不受欢迎的一种行业。

在68天之间，他没有领到薪水，只有少数的车马费，就算他想节约一点过日子，仍连最基本的生活费都没有。到了最后，已经心灰意冷的市村清池就同太太商量准备连夜赶回东京，不再继续拉保险了。此时他的妻子却含泪对他说：“一个星期，只要再努力一个星期看看，如果真不行的话……”

第二天，他重新鼓起勇气到某位校长家拜访，这次终于成功了。后来他曾描述当时的情形说：“我在按铃的时候之所以提不起勇气的原因是，已经来过七八次了，对方觉得很不耐烦，这次再打扰人家一定没有好脸色看。哪知道对方这个时候已准备投保了，可以说只差一张契约还没签而已。假如在那一刻我就这样过门不人，我想那张契约也就签不到了。”

在签了那张契约之后，又有不少契约接踵而来，而且投保的人也和以前完全不相同，都是主动表示愿意投保。许多人的自愿投保给他带来无比的勇气。在一个月内他的业绩就一跃而成为富国人寿的佼佼者。

在历史的长河与现实的生活中，也有很多为理想、为事业奋斗的人，他们往往离成功只有一步之遥却停住了脚步，面对失败与困难，他们气馁了、放弃了，功亏一篑、功败垂成，这多么令人痛心与惋惜呀！山重水复疑无路，但是这位可敬的青年，他仍是坚定执着地往下继续走，终于迎来了柳暗花明又一村。

人的一生要面对许多“魔洞”，我们不能怨天尤人、自暴自弃，要在心头点燃一根火柴，点亮人生的希望，并义无返顾地走下去。

努力努力再努力，坚持坚持再坚持

石头是很硬的，水是很柔软的，然而柔软的水却穿透了坚硬的石头，这其中的原因无他，唯坚持而已。

有个年轻人去微软应聘，但公司并没有刊登过招聘广告。所以总经理疑惑不解，他就问这个年轻人原因，年轻人用不太娴熟的英语解释说自己是碰巧路过这里，就贸然进来了。总经理感觉很新鲜，破例让他试一试。面试的结果出人意料，年轻人表现糟糕。他对总经理的解释是事先没有准备，总经理以为他不过是想找个托词下台阶，就随口应道：“等你准备好了再来试吧。”

一周后，年轻人再次走进微软的大门，这次他依然没有成功。但比起第一次，他的表现要好得多。而总经理给他的回答仍然同上次一样：“等你准备好了再来试。”

就这样，这个青年先后5次踏进了微软的大门，他最终被公司录用，成为公司的重点培养对象。

我们常常会在黑暗中摸索，有时更是需要很长时间才能找寻到通往光明的道路。以勇敢者的气魄，坚定而自信地对自己说一声“再试一次！”再试一次，你就有可能达到成功的彼岸！

韩国足球队为什么能冲入世界杯前四强，“魔鬼教练”车范根说：“我绝对不会说‘这样足够了’或‘已经没有办法了’这样的话，我要求队员们努力努力再努力，坚持坚持再坚持。”

再长的路，一步一步总能走完；再短的路，不去迈开双脚将永远无法到达。再多一点努力，多一点坚持，我们会惊奇地发现：到处都开着绚烂的成功之花。

破茧成蝶，痛苦中的坚持

有一只蛾正从茧里挣扎着爬出来，一个小男孩见它如此痛苦，拿剪刀帮它将茧剪开。这只蛾终于摆脱了痛苦，却发现自己飞不起来，后来就死了。

这是什么缘故？原因很简单，因为蛾承受痛苦的过程就是一种聚集力量的过程。想想很多成功人士承受了多少痛苦才获得了成功。然而有些人却不能忍受这样的苦难，对于他们来说任何一点困难都让他们觉得难受，都想寻求别人的帮助。这样的人永远都不会取得成功。

一个人在社会上立足，适应能力和生存能力是不可缺少的。人生的成长阶段基本上是几十年。人要学会自己成长。

爱因斯坦的小板凳是自己做的，他一共做了三个。当他把第三个交给老师的时候，老师有点嘲讽地说："没有比这更难看的小板凳了。"听到这话，爱因斯坦立即从课桌下面拿出了两个小板凳，很严肃地对老师说："交给您的那个小板凳至少比这两个要强许多。"爱因斯坦从小就自己动手做些东西，这对他后来取得成功有很大的帮助。

生活中，我们在年轻的时候意气风发，屡屡去尝试各种事情，希望能够获得成功，但是后来发现很多事情都和想象的不一样，最后屡屡失败。经过几次失败以后，很多人就开始抱怨这个世界不公平，同时也开始怀疑自己的能力，最后，只有一再地降低成功的标准。我们中的许多人往往因为害怕失败就不去追求成功，而甘愿忍受失败者的生活。很多人不敢去追求成功，不是追求不到成功，而是因为他们的心里面也默认：对自己而言，成功是不可能的。正是基于这样的理念，他们放弃了坚持。

司马光不仅是一个十分聪明的人，而且也懂得坚持，懂得勤奋。说他勤奋，有很多故事可以说明，其中"警枕"最典型。《资治通鉴》是司马光付出了毕生的艰辛和努力换来的，据说当时初稿就堆满了两间屋子。虽然他工作很辛苦，但从来都没有放松对自己的要求。因为他担心自己会睡过头，进而耽误写作，于是特地让人给他做了个圆木枕头，只要他一翻身，枕头就会滚动，自己就能惊醒。正是靠这种分秒必争的方法，历经了19年，司马光终于完成了巨著——《资治通鉴》。

只有真正做到坚持，才能够几十年如一日地做出不平凡的成绩来。

人应该学会坚持、学会忍耐、学会永不放弃，学会将自己的命运掌握在自己的手上。

一个人要做一件事，肯定有很多人拼命说这个不行，那条道路走不通。殊不知，没有试过，谁也不能说一定不行。其实人们应该学会坚持自己的想法，按照自己的想法和意图尝试着去做一事情。

学会坚持，阳光就会一直在

罗斯在步行者的头两年，他的日子一点都不好过，他得不到教练布朗的赏识，时常被晾在替补席上。“记得曾有一个赛季，布朗连续14场都没让我上阵，而当时我身上根本没伤。”说起那段痛苦的经历，罗斯至今感到心寒，但他认为这让他学会了很多，尤其是让他学会了忍耐，使他更加明白什么是更加值得去珍惜的。

直到伯德到步行者执教，才给罗斯带来了转机。罗斯在密歇根大学打球时，伯德曾看过他打球，当时就觉得他很有打球的潜力。所以伯德到步行者对罗斯说的第一句话就是：“我相信你有天赋，我会重用你。”伯德的话给了罗斯极大的信心，他勤学苦练，技巧很快地得到了提高，并很快被列入首发阵容，如今，罗斯已成为步行者的中流砥柱。在一次总决赛中，罗斯更是表现不俗。在前五场总决赛中，他发挥正常，平均每场得分达到了22分。尤其是在第五场比赛中，罗斯更是独领风骚，一人揽下了32分，成为步行者的得分王。“罗斯一直是我最欣赏的队员之一，”伯德赛后说，“他的成功归功于他的踏实和努力。”

不要急于表现自己不完善的能力，不要苦于找不到赏识自己的伯乐。如果我们想让自己有一个灿烂的明天，那就应该在工作中、学习中学会观察，学会磨炼。只有在这种考验中，我们的能力才能得到提高，我们的水平才能得到发挥。如果我们已经对自己的业务有了一个全面的了解，已经对它的运作有了十足的把握，那我们离成功的日子也就不远了。在我们还不成熟的时候，在我们感到自己的知识还比较欠缺的时候，不妨把抱怨先收起来，努力积蓄自己的能量，等到机会到来的时候，我们就能让自己在发挥才能的过程中闪出耀眼的光彩。

美国著名心理学家瓦尔特·米歇尔曾在一群小学生身上做过一个有趣的实验。

他给每个孩子发一块软糖，然后告诉他们说他有事要离开一会儿。他希望孩子们都不要吃掉那块软糖，他允诺说："假如你们能将这些软糖留到我办完事情回来，我会再奖励给你们两块软糖。"然后他出去了。寂寞的孩子们守着那块诱人的软糖等啊等，终于有人熬不住了，吃掉了那块软糖。接着，又有人做了同样的事……20分钟后，米歇尔回来了。他履行诺言，奖励没有吃掉糖的孩子每人两块糖。多年以后，他发现，那些不能等待的孩子大多一事无成，而日后创出一番业绩的全都是当年那些愿意等待的孩子。

无论我们现在是一个默默无闻的小职员，还是一个不甘于当下环境的"三分钟"工作者,如果想真正改变自己，真正让自己在工作上有突出的表现，那我们就必须学会暂时地忍耐，忍耐环境对我们的磨炼和对我们的考验。既然选择了，就不要轻易放弃，否则我们将永远一事无成。

要做泰山一棵松，任尔东西南北风

这是中国台湾地区一位著名博士的故事。

江灿腾——一位苦学出身的工人博士，1946年出生在桃园大溪，是当地富门望族之后。他的父亲在听信算命师的一句话——活不过35岁，短短几年内，荒唐地败光家产，以享受人生。不过，老天可没让他如愿，过了35岁，江灿腾的父亲仍旧活得好好的，不知是老天的玩笑，还是算命师的信口瞎说！江家自此陷入困境，江灿腾也因此而辍学，开始打零工贴补家计的日子，曾做过香工、水泥小工、店员、工友等，他受尽人生冷暖，他的心却并不甘于当一名小工人，在当兵及退伍后考入飞利浦公司的过程中，他自学通过国中、高中的同等学历，并于32岁考上师大历史系夜间部，自此踏上学术研究之路，于54岁时拿到台大史学博士学位。

从工人到博士，江灿腾在家变、失学、童工剥削、失恋、癌症折磨等磨难中找到了生命的信念，在生与死之间坚定了奋进人生的价值。

郑丰喜先生所撰写的《汪洋中的一条船》可以说是他一生的故事与回顾。而这本书也曾经被拍成电影和电视剧，且都曾获得热烈的反响。此书自20世纪60年代中期出版以来便广受重视，其影响力至今仍持续不断，在20世纪70年代和80年代甚至被认为是最具影响力的书籍之一。对曾经读过此书的读者而言，至今念念不忘，而对未曾读过此书的人而言，无疑是一本励志且能够发人深省的好书。

这本书让我们想起海明威的名著——《老人与海》，两者有异曲同工之妙，相同的是人和环境奋斗到底的精神；不同的是《老人与海》只是虚构的小说，但是，此书却是活生生的经历和动人心弦的写照。

《老人与海》中的老人发现他所钓到的鱼竟然比船还大的时候，他对自己说："不管鱼是多么大，一定要杀死它……我要和它战斗，我到死都要和它战斗！"在最痛苦和最疲乏的时候，老人说："人不是为失败而生的！"人生的可贵之处不在于一帆风顺，全无障碍，而在于不怕任何失败、挫折和艰险，继续勇往直前，始终不辍。我们在此书中看到了作者的残而不废、刻苦自立的生活，也真正看到了人是为成功、为理想、为胜利而生的。

这本书能让我们感动，让我们热泪盈眶，这不仅是代表同情而已，还蕴藏着好多好多的钦佩、感动与安慰。因为作者为了生存，为了克服残缺，他并没有去当乞丐，去争取他人的同情和施舍；相反，他却靠自己的力量生存下去，做苦工、做买卖来赚取学费，纯粹是自力更生。他凭着他的双手、信心、毅力，迎向一切挑战。

反观现今的社会，许多人因为一时的不顺遂便开始怨天尤人或选择轻生。看看这些人，他们四肢健全，境遇也并没有比作者更惨，何以遇到不平顺的人生遭遇就屈服了？人生有不顺遂的时候，应该把失败当成是一种成长的机会，并努力耕耘期待下一次成功的到来，如此的人生才会有希望，也才会过得越来越好。

我们希望朋友们能读一读这本书，相信会对自己的人生观有重大的影响，也希望朋友们能够学习作者，勇于面对人生中不断的逆境，却从不自怨自艾，也从不自暴自弃，进而在奋斗中建立起新的价值观、生命观和一种崭新而积极的人生态度。

机会就在你的坚持之中

两只青蛙在觅食中不小心掉进了路边一只牛奶罐里，牛奶罐里还有为数不多的牛奶，但是足以让青蛙们体验到什么叫灭顶之灾。

一只青蛙想：完了，完了，全完了。这么高的一只牛奶罐啊，我是永远也出不去了。于是，它很快就沉了下去。另一只青蛙在看见同伴沉没于牛奶中时，并没有一味放任自己沮丧、放弃，而是不断地告诫自己："上天给了我坚强的意志和发达的肌肉，我一定能够跳出去。"它每时每刻都在鼓起勇气、鼓足力量、一次又一次奋起、跳跃——生命的力量与美展现在它每一次的搏击与奋斗里。

不知过了多久，它突然发现脚下的牛奶变得坚实起来。原来，它的反复跳动已经把波状的牛奶变成了一块奶酪，不懈地奋斗和挣扎终于换来了自由的那一刻。它从牛奶罐里轻盈地跳了出来，重新回到绿色的池塘里。而那一只沉没的青蛙就那样留在了那块奶酪里，它做梦都没有想到会有机会逃离险境。

"锲而不舍，金石可镂；锲而舍之，朽木难雕"。金石比朽木的硬度高多了，不要因为它硬，我们就放弃雕刻，那样，等待我们的永远只是失望。但只要锲而不舍地镂刻它，天长日久，也是可以雕出精美的艺术品来的。成功不也是这样吗？只要我们努力地追求，"精诚所至，金石为开"。

成功，往往就在于失败之后再坚持一下的努力之中。

人们经常在做了90%的工作后而放弃了最后让他们成功的10%，这不但输掉了开始的投资，更丧失了经由最后的努力而发现宝藏的喜悦。

凡事没有不可能。事情发生与否并不完全取决于我们的主观判断，我们认为不可能的事情往往会变为可能。每种事情都有发生的可能，我们千万不要给自己设限。

坚持一下，就是一个柳暗花明

伍迪·艾伦，奥斯卡最佳编剧、最佳制片人、最佳导演、最佳男演员金像奖获得者，在大学里英语竟不及格。

马尔科姆·福布斯，世界最大的商业出版物之一，《福布斯杂志》的主编，却没能当上普林斯顿大学的校刊编辑。

利昂·尤利斯，作家、学者、哲学家，却曾三次没有通过中学的英文考试。

利文·尤里曼，两次被提名为奥斯卡金像奖最佳女演员的候选人，当年报考戏剧学院时，却没通过，因为主考官认为她没有表演才能。

理查德·L·马尼博士，神经放射学专家，在医学院一年级时，神经解剖学不及格。

年轻的伊内蒂·比萨刚从按摩学校毕业后想在加利福尼亚美丽的蒙特雷地区见习接诊。当地的按摩机构告知该地按摩师为数众多，但却没有那么多的病人。于是，在4个月中，比萨每天用10个小时挨家挨户地毛遂自荐，上门服务。他总共敲响了12500扇门，和6500个人交谈并邀请他们到他未来的诊所就医。作为对他的毅力和诚挚的回报，在接诊的第一个月，他就医治了233名病人，并创下了当月收入72000美元的纪录。

大名鼎鼎的可口可乐公司在开张的第一年仅售出了400瓶可口可乐。

超级球星迈克尔·乔丹曾被所在的中学篮球队除名。

赛拉·霍兹沃斯10岁时双目失明，但她却成为世界著名的登山运动员。

瑞弗·约翰逊，十项全能的冠军，有一只脚先天畸形。

赛乌斯博士的处女作《想想我在桑树街看到的》被27个出版商拒绝。但他没有放弃，终于，第28家出版社——文戈出版社看中了该书的潜在市场价值，很快出版并获得了600万册的销量。

《心灵鸡汤》在海尔斯传播公司受理出版之前曾遭33家出版社的拒绝。全纽约主要的出版商都说："书确实好得很，但没有人爱读这么短的小故事。"然而现在，《心灵鸡汤》系列在世界范围内售出了1700万册，并被翻译成20种文字。

1935年，《纽约先驱论坛报》发表的一篇书评把乔治·格斯文的经典之作《鲍盖与贝思》评论为“地道的激情的垃圾”。

1902年，《亚特兰蒂克月刊》诗歌版编辑退还了一位28岁诗人的作品，退稿上写：“我们的杂志容不下你如此热情洋溢的诗篇。”那个28岁的诗人叫罗伯特·普罗斯特。

1889年，罗迪亚德·开普林收到了圣佛朗西斯科考试中心的如下拒绝信：“很遗憾，开普林先生，但你确实不懂得如何使用英语这种语言。”

当艾利斯·赫利还是一个尚未成名的文学青年时，在4年中他每周都能收到一封退稿信。后来，艾利斯几欲停止写作《根》这部著作，并自暴自弃。如此9年，他感到自己壮志难酬，于是准备跳海，了此一生。当他站在船尾，看着波浪滔滔，正欲跳海。忽然，他听到所有的先人都在呼唤：“你要做你该做的，因为现在他们都在天国凝视着你，切勿放弃！你能胜任，我们期盼着你！”在以后的几周里，《根》的最后部分终于完成了。

约翰·班扬因其宗教观点而被关入贝德福监狱，在那里，他写出《心路历程》；雷利爵士在身陷囹圄的13年中写出了《世界历史》；马丁·路德被羁押在瓦尔特堡时译出了《圣经》。

托马斯·卡莱尔的《法兰西革命》一书的手稿被朋友的仆人不慎当成了引火之物，然而，卡莱尔只是平静地又从头写出一部《法兰西革命》。

1962年，4名少女梦想开始专业歌手的生涯。她们先是在教堂中演唱并举办小型音乐会，后来灌制了一张唱片，但未获成功。接着又灌制一张唱片，但销路极差。第3张、第4张、第5张直至第9张唱片都未能走红。1964年，她们因《侦探克拉克的表演》而小有声名，但这张唱片也是订货寥寥，收支仅仅持平。那年年底，她们录制了《我们的爱要去何方》，结果荣登金曲排行榜榜首。黛安娜·罗丝及其“超级者”组合开始赢得人们的认可，引起乐坛轰动，声名鹊起。

温斯顿·丘吉尔因其文科太差而被牛津和剑桥大学拒之门外。

美国著名画家詹姆斯·惠斯勒曾因化学不及格而被西点军校开除。

1905年，艾尔伯特·爱因斯坦的博士论文在波恩大学未获通过。原因是论文离题而且充满奇思怪想。爱因斯坦感到沮丧，但这未能使他一蹶不振。

困难重重，幸而，这些人并没被挫折、失败吓倒，也没有听从别人的好意但却消极地劝告。相反的，他们重新考虑那些权威们下的结论，并否定了这些结论，所以，他们是伟人，历史也记录下了他们的名字。

不管做任何事，都不要轻易放弃，如果放弃了就没有成功的希望，所谓“行百里半九十”、“为山九仞功亏一篑”，皆是说明成功是属于坚持到最后一分钟的人。若不能坚持到底的人，只有白白浪费了前面一切的苦心而徒劳无功，“不要轻易放弃”是人生中最高的准则之一。

力量需要积蓄，等待致命一击

尤尔加在底特律生活了一段时间以后搬到了新奥尔良。他在底特律时只是一个铅管匠，努力了好多年，也没有发展起自己的事业，原因是缺乏资金。

刚搬到新奥尔良的时候，他带着老婆、三个孩子和120元钱，那是他全部的家当和资产。搬来后的第一天，他找了八家铅管公司，可是没有人愿意雇佣他，那些人只是告诉他人手已经够了。

无奈，第二天他跳上了一辆公共汽车，走过了一条长长的、繁忙的大街。那条街上有几家快餐店，他记下了窗口上张贴征聘店员广告的店名。走到路尽头时，他跳上了另一辆返回家的车，一路上去了四家快餐店，可是都没有找到工作。

最后，总算第五家的经理对他有点兴趣。他向那个经理保证，他工作勤奋，而且做人诚实。那个经理告诉他，薪水相当低，但他告诉经理待遇不成问题，他会为顾客提供一流的服务。

他的工作一直做得都很努力，结果在六个星期之内他成了那家快餐店的营业部经理。在那期间，他结识了不少顾客，根据他们的要求，他改善了服务质量，提高了工作效率。九个月后，这家快餐店的老板把他叫到了办公室。原来这个老板除了经营餐饮业之外，还有别的投资项目，尤其是在房地产方面也搞得不错。这个老板看他的能力很强，也很敬业，就想派他去一座有90户的大厦当经理助理。

他当时就愣住了，然后告诉这个老板，他只当过铅管匠，对管理大厦一无所知。但老板笑着对他说：“我查过你在快餐店的记录，利润增加83%。管理大厦与管理快餐店的道理是一样的——乐于助人、推行计划和委派。我想你一定能让大厦保持客满，准时收到房租，而且保养良好。”

结果他接受了那份工作，工资是他在快餐店时的三倍，还有一间漂亮的公寓。两年后，他已经升为了高级经理，不久以后，他就有了足够的钱来开创他自己的事业——创办一家大规模的铅管企业。

尤尔加选择了一份很少有人愿意去做的工作，但他最终却成就了自己的事业。所以从哪里开始并不重要，重要的是我们知道自己要到哪里去。即使我们选择了最不起眼的工作，如果我们能让自己的目标明确起来，那我们就能在平凡的岗位上为不平凡的事业做出充分的准备，就能为自己的事业打下坚实的基础，就可能实现自己的梦想，成为一个成功的人。

不如意的事情过去了，好的时机必然来临。因此，凡是成大事的人，无不等待时机的来临。他们既不焦急，也不慌张，静静地处理眼前的工作。等待时机的心情，恰似等待春天的樱树。樱树虽然静静地等候春天，却无时不在养精蓄锐。没有储蓄潜力，时机纵使到了，也仍然一无所成。

愈需要等待，则内心愈是焦虑，这是人之常情。然而，自然的法则却不能被人情所左右。这不是冷淡，时机对于静静等待它的人，无不以温暖的双手去迎接。因此，我们要能养成“善待时机”的心理。

成功路上，你要的只是坚持

荀子说：“骐骥一跃，不能十步，驽马十驾，功在不舍。”“水滴石穿，绳锯木断。”

成功贵在坚持，要取得成功就要坚持不懈地努力，很多人的成功也是饱尝了许多次的失败之后得到的，成功也是能够坚持者的奖赏。

古往今来，那些成功者们不都是依靠坚持而取得成就的吗？

被鲁迅誉为“史家之绝唱，无韵之离骚”的《史记》，其作者司马迁是享誉千古的文学大师，可是他是在什么情况下取得这么大的成就呢？汉武帝为了一时的不快阉割了堂堂的大丈夫，那是多么大的耻辱啊，而且这给他带来的身心伤害是多么地巨大！我们这些正常活着的人是无法想象的。从此，他只能在四处不通风的炎热潮湿的小屋里生活，不能见风，不能再无畏地欣赏太阳花草，换一个人，简直就活不下去了！司马迁也曾想过死，对于当时的他来说，死是最容易的解脱方法了。可是他还有梦呀，他的梦想就是写一部历史的典籍，把过去的事记下来，传诸后世。别让历史把一切都淹没了。为了这个梦，他坚持了下来，坚持着忍受了身体的痛苦，坚持着忍受了别人歧视的目光，坚持着在严酷的政治迫害下活着，发愤继续撰写《史记》，并且终于完成了这部光辉著作。

他靠的是什么？还不是靠坚持而已，要是他在遭受了腐刑以后丧失了一切斗志，不坚持写《史记》，那么我们现在就再也看不到这本巨著，吸收不了他的思想精华，所以他的成功和他的胜利，最主要的还是靠坚持。而相比来说，他的著作带给我们的震撼倒是其次了，他的坚持精神所激励鼓舞我们的更多。

外国名作家杰克·伦敦，他的成功也是建立在坚持之上的。就像他笔下的人物“马丁·伊登”一样，坚持坚持再坚持，他抓住自己的一切时间，坚持把好的字句抄在纸片上，有的插在镜子缝里，有的别在晒衣绳上，有的放在衣袋里，以便随时记诵。所以他成功了，他的作品被翻译成多国文字，在书店中他的作品被放在显眼的位置，赫然在目。当然，他所付出的代价也比其他人多好几倍，甚至几十倍。成功是他坚持的结果。

功到自然成，成功之前难免有失败，然而，只要能克服困难，坚持不懈地努力，那么，成功就在眼前。

第十一章

拥有正能量，你的情绪才会高

生活之中，我们感受周围的事物，形成我们的观念，做出我们的判断，无一不是由我们的心灵来进行的。然而，不好的情绪常常干扰我们的心灵，使我们出现种种偏差。因此，我们需要借助正能量来驾驭情绪，让自己的情绪变得高涨。

摆脱失落情绪，你可以这样做

情绪低落既有生理方面的原因，也有心理方面的原因。对其中任何一种原因引起的情绪低落都应引起重视，即使是你觉得不太重要的因素，譬如压力，它就像麦秸一样，太重了会将脊背压断的。

抑郁就好像透过一层黑色的玻璃看一切事物。无论是考虑你自己，还是考虑世界或未来，任何事物看来都处于同样的阴郁而暗淡的光线之下。“没有一件事做对了”“我彻底完蛋了”“我无能为力，因此也不值一试”“朋友们给我来电话仅仅是出于一种责任感”。当你工作中出了一点毛病，或思想开了小差，你就认为“我已经失去了干好工作的能力”，好像你的能力已经一去不回了。回想过去，你的记忆中充满着一连串的失败、痛苦和亏损。消极的思想与抑郁相伴，情绪低落导致消极的思想和回忆，反之，消极的思想和回忆又导致情绪低落，如此反复下去，形成一个持久而日益严重的抑郁的恶性循环。

以下方法能帮助你摆脱失落情绪：

1. 注意睡眠、饮食和运动

我们不可忽视那些有可能导致情绪低落的基本生理因素。如果你睡眠不佳，食欲不振，听任自己处于不良的生理状态，你就很容易出现低落情绪，因为日常活动耗尽了你的精力，很快就会把你压垮。失眠是低落情绪的一种很普遍的后果，反过来它又很容易引发忧郁症。在忧郁症发作期间，你很难对失眠采取什么直接的对策，因为你需要集中精力对付忧郁症。因此在你情绪较好的时候，就应该养成良好的睡眠习惯。

对于酒精饮料也要特别注意。对于易发忧郁症的人，这是一个很大的问题。酒精能暂时使你逃避问题和烦恼，但不能最终解决问题，它会给你带来更深的忧郁。

过度的节食会使你心情烦躁、忧郁、疲倦和虚弱。在我们的社会中，妇女普遍希望自己的体重和体形得到控制，然而她们往往把自尊心和体型外貌乃至节食过于紧密地联系在一起了。

运动能防止忧郁症的发作，有助于增强体力。它也能较快地提高情绪，短时间内缓冲忧郁。

2. 明确你的价值和目标

如果你很容易发作忧郁症，应该检查一下你的人生目标和价值，检查一下你是怎样消磨时间的。反复出现低落情绪的一个重要原因是你实际做的事情同你真正看重的事情不相称。这种不相称本身并没有明确表现出来，都表现为笼统的忧郁情绪。

如果你还没有写下你的价值和目标的个人声明书，建议你做一下。它能帮助你评价目前的工作和个人生活是否符合你的价值观。如果不是的话，它能帮助你选择最有利于摆脱忧郁苦恼的改变方案。

3. 将欢乐带入生活

忧郁常常导致自尊心的下降，甚至自暴自弃。易感忧郁的人往往比较善良，体贴他人，利他主义，却往往过低评价自己，贬低自己，拒绝应得的欢乐。即使在情绪正常的时候，他们也总是觉得自己没有资格享受欢乐。他们总是把别人的需要放在第一位。有许多父母就是这样，他们把儿女的需要放在大大高于自己的需要之上，而不给自己留下一点点时间和空间。

即使你现在还不认为你有资格享受自己的欢乐，至少你也应该做你自己所喜欢的事情。无论工作多么忙，你也必须找时间来让自己轻松一下，做一点你觉得能使自己高兴的事情。眼前的欢乐能帮助你预防未来的忧郁，将欢乐带进生活的确是良好心境的基本策略之一。

4. 不要孤注一掷

世上没有一帆风顺的事情，每个人都会遇到诸如工作进展不顺，或夫妻关系发生矛盾，或个人爱好得不到满足等各种问题。因此，如果将所有的自尊心都绑在生活的某一件事情上，你肯定会变得非常脆弱。回顾一下你的忧郁历史，它是不是与你生活中的某一个方面的进展情况紧密相连？比方说，当工作不顺利的时候你是不是就情绪低落？如果你的忧郁过程确实与你生活中某一个方面有密切的关系，就表明你很可能是太孤注一掷了。

为了避免发生这种片面的依赖性，最好是有生活的多个方面：朋友、家庭、工作、爱好和兴趣。每一个部分都能增强你的自尊心。当生活的某一个方面进展不太顺利的时候，你还可以从其他的方面获得安慰和支持。

5. 建立可靠的人际关系

当发生不利事件时，有一个可以完全信赖的人，无论是亲戚、配偶或朋友，都是防止忧郁的最重要的保证之一。如果你还没有这么一个亲密的、可以依靠的人际关系，你的朋友也不能向你提供能帮助你防止忧郁的感情支持，你就应该想办法开始建立这样的支持关系。

悲剧和喜剧，你喜欢哪一种？

生命的艺术舞台只有喜剧和悲剧两种剧场，如果你选择喜剧，恭喜你，你将赢得人生的大奖；如果你选择悲剧，对不起，你将过早地被逐出艺术的殿堂。

如果你选择喜剧，你就要笑面人生，即使生活中的困难再多，压力再大，也要以笑脸相待，而不能稍有不顺便拉长脸，眉头紧皱。当然，生活在这样一种嘈杂、浮躁、紧张的时代，人时常会因生存的压力而感到沮丧和低沉，即便是如此，悲观失望又有什么用呢？只能搞坏自己的心情，于事无补。

消极悲观的人整天愁眉苦脸，看什么都不顺眼，甚至要寻死觅活。这些人遇到一点困难，生活有挫折，就说命运对他们不公，就自毁自灭，甚至于堕落，这种例子已有不少。古时有寻世外桃源的，有隐居山林的，有“看破红尘”出家的等等。而今，已无法脱离社会的这类人，就甘愿沉沦，随遇而安，不求进取。这些人是生活的弱者，是懦夫。他们不敢吃苦，贪图安逸，总是幻想着一切都是美好的，他们也只能生活在幻想中。

悲观成习的人绝不是个“马大哈”，他不会得过且过，也不能对人对己都马马虎虎。相反，他们处事谨慎，处处提防自己的行为是不是出格。一旦有了行为的失检，总是害怕大难临头。同时，悲观的人也有很强的“良心”自监力，即使没有什么严重后果，他也决不饶恕自己。

尼采曾说：“受苦的人，没有悲观的权利；失火时，没有怕黑的权利；战场上，只有不怕死的战士才能取得胜利；也只有受苦而不悲观的人，才能克服困难，脱离困境。”

极端的悲观是心理不健康的表现，必须进行适当调适。

多数悲观者对未来担忧，正为自己建立越来越狭窄、有限的世界；假如做些与他人合作的工作，受到他人的约束，考虑自己以外的事情，生活也就会出现新的意义。愉快的社交活动对人们的情绪有着深远的影响。当人们掌握了处理人际关系的技巧后，也会慢慢地赶走悲观心情。

一个悲观的人老待在屋子里，便会产生禁锢的感觉。然而，当他离开屋子，漫步在林荫大道，就会发现心绪突然变了，怒气和沮丧也消失了，心中充满了宁静，自然的色彩给人带来阵阵快意。另外，任何一种体育锻炼都有助于克服悲观心理，经常参加体育锻炼会使人精神振奋，避免消极地生活下去。

希望之火，你感觉得到吗？

希望是永不止息的追求，蕴藏着无限的美丽与文明，如同雨后的彩虹。揣着希望做人，能激发生命的潜能和创造力。人的一生不知道要遇到多少艰辛和坎坷，还有各种厄运和不幸，就因为那如火焰般燃烧在内心的希望才使得我们不甘心被以前的困难所吞噬，不甘心让暂时的挫折束缚前行的脚印，从而焕发出生机与活力，锲而不舍地寻觅和追求。

怀抱着希望做人才能活得好。希望是指愿意主动实现其生活，让生活更美好，更健康，更有活力。希望不是消极地期待，而是主动地创造。希望即是生命和生活的本身，而不是贪婪。因此，抱着希望的人，总是心怀具体的理想，而非虚幻的空想。他们不断孕育新的生活，心智不断成长，因此，生命也是蓬勃地发展。如果一个人不存希望，生命也就将休止。

当法国被浓浓战争的硝烟笼罩的时候，一群艺术家住在巴黎一栋破旧的房子里。他们中有音乐家、作家、诗人，还有画家。贫穷的人们挤在一栋房子里相互帮助着，而冬天的寒冷和疾病却缠绕着他们。在每天面包和水都岌岌可危的日子里，能战胜疾病的人真是太少了，不多久，就有人被抬出这栋破房子。在房子对面的矮墙上曾爬满了常春藤，可冬天的风使一切生命都失去了颜色与活力。

在房子最下一层一个房间里住着两位年轻的姑娘，她们极可能是未来巴黎舞台上的舞蹈家。但现在，她们中的一位却因疾病来袭而已经躺在病床上很久了。缺乏食物的人们更无力承担医药费用。在早晨，病床上的姑娘对自己的同伴说："我从我的窗口可以看见对面的矮墙，我可以看见上面还有五片树叶。如果那里还有一片树叶，我就会看到下一个春天的来临。"姑娘已经了解自己的病情十分严重，医生的脸上也流露出不太乐观的神情。每天，姑娘都会睁开双眼去看对面矮墙上的树叶。狂风吹过，树叶也一一掉落，到了第三天，墙上只剩下最后一片树叶了。

姑娘的同伴很焦急。她们的家里已没有任何值钱的东西，能卖的已经全卖了。这位好心的伙伴来到同一栋楼的老画家那儿，请求他去帮帮忙，想办法能挽留那片树叶。同样一贫如洗的画家对那位好心的姑娘说："风一夜能吹落所有的树叶，我也没有办法。冰天雪地的又怎么去想办法呢？"大家都充满悲伤地等待着明天，希望明天病床上的姑娘还能活着。第二天早上，姑娘从病床上睁开眼，疲惫而又欣喜地说："我就知道还会有一片绿色的树叶悬挂在枯萎的藤蔓上。"她不知道那是老画家晚上提着灯，赶在天亮前在矮墙上画上了一片绿叶，是他给了病危的姑娘一个新的希望。

希望是开启理想的门，它使我们能够拥有最高贵的情绪。希望可以给我们的生活带来光明、热情和奇迹；希望像漫漫黑夜里的一盏灯，成为我们生命中永远不疲倦的动力；希望是我们解读内心困惑、阅读情感的中心环节。人生不能没有希望，因为它能指引我们，告诉我们一切艰难、挫折终将过去，一切付出、辛酸和泪水都是值得的。

摒弃自卑，这样最有效

自卑，即一个人对自己的能力、品质等作出偏低的评价，总觉得自己不如人，悲观失望，丧失信心等。在社交中，具有自卑心理的人孤立、离群，抑制自信心和荣誉感。当受到周围人们的轻视、嘲笑或侮辱时，这种自卑心理会大大加强，甚至以畸形的形式，如嫉妒、暴怒、自欺欺人的方式表现出来。自卑是一种低劣的心理，是一种消极的心理状态，是阻挠成功的巨大心理障碍。自卑的人往往都是失败的俘虏、被轻视的对象，严重的自卑心理能导致一个人精神颓废、心灵扭曲。

克服畏惧，战胜自卑，不能夸夸其谈，止于幻想，而必须付诸实践，见于行动。建立自信的最快、最有效的方法就是去做自己害怕的事，直到获得成功。

1. 挑前面的位子坐

在各种形式的聚会中，在各种类型的课堂上，后面的座位总是先被人坐满，大部分占据后排座位的人都希望自己不会“太显眼”。而他们怕受人瞩目的原因就是缺乏信心。

坐在前面能建立信心。因为敢为人先、敢在人前、敢于将自己置于众目睽睽之下就必须有足够的勇气和胆量。久而久之，这种行为就成了习惯，自卑也就在潜移默化中变为自信。另外，坐在显眼的位置就会放大自己在领导及老师视野中的比例，增强反复出现的频率，起到强化自己的作用。把这当作一个规则试试看，从现在开始就尽量往前坐。虽然坐在前面会比较显眼，但要记住，有关成功的一切都是显眼的。

2. 正视别人

眼睛是心灵的窗户。一个人的眼神可以折射出性格、透露出信息、传递出微妙的情感。不敢正视别人就意味着自卑、胆怯、恐惧；躲避别人的眼神则折射出阴暗、不坦荡的心态。正视别人等于告诉对方：“我是诚实的，光明正大的；我非常尊重、喜欢你。因此，正视别人是积极心态的反映，是自信的象征，更是个人魅力的展示。

3. 改变行走的姿势与速度

许多心理学家认为，人们行走的姿势、步伐与其心理状态有一定关系。懒散的姿势、缓慢的步伐是情绪低落的表现，是对自己、对工作以及对别人不愉快感受的反映。倘若仔细观察就会发现，身体的动作是心灵活动的结果。那些受打击、被排斥的人，走路都拖拖拉拉，缺乏自信。反过来，改变行走的姿势与速度有助于心境的调整。要表现出超凡的信心，走起路来应比一般人快。将走路速度加快，就仿佛告诉整个世界：“我要到一个重要的地方，去做很重要的事情。”步伐轻快敏捷、身姿昂首挺胸，会给人带来明朗的心境，会使自卑逃遁、自信陡生。

4. 练习当众发言

面对大庭广众讲话，需要巨大的勇气和胆量，这是培养和锻炼自信的重要途径。在我们周围，有很多思路敏锐、天资颇高的人却无法发挥他们的长处参与讨论。其实不是他们不想参与，而是缺乏信心。

在公众场合，沉默寡言的人都认为：“我的意见可能没有价值，如果说出来，别人可能会觉得很愚蠢，我最好什么也别说，而且，其他人可能都比我懂得多，我并不想让他们知道我是这么无知。”这些人常常会对自己许下渺茫的诺言：“等下一次再发言。”可是他们很清楚自己是无法实现这个诺言的。每次的沉默寡言都是“缺乏自信”这一毒素的又一次发作，都会使他愈来愈丧失自信。

从积极的角度来看，如果尽量发言，就会增加信心。不论是参加什么性质的会议，每次都要主动发言。有许多原本木讷或者口吃的人都是通过练习当众讲话而变得自信起来的。

5. 恰到好处地用力握手

握手的方式也能向别人透露不少自身的秘密。比如，许多人为了掩饰自己的缺点，握手的时候故意过分用力和显出傲慢的态度，其实是虚张声势。挤压式的握手方法则是为了补偿其信心的缺乏。这种人的一举一动过分极端，以致无法让人相信他是一个真正有信心的人。安稳而不过分用力地把对方的手适度地握紧，则是表示："我是生气勃勃、稳扎稳打的。"这才是代表着自信的握手方式。

6. 放大自己最得意的照片

热爱自己是获得幸福生活的先决条件，而讨厌自己则会感到生活非常痛苦。热爱自己的方式多种多样，充分利用自己的照片就是其中之一。

你的影集里一定收藏了很多照片。你可以从中找到许多不同的自我。当你看到最不喜欢的表情时，可能会被一种低沉的情绪和随之而来的寂寞感所控制。这时，去把你最中意的照片找出来并认真注视它，然后你可能立刻又会产生一种慰藉感，而且越看越兴高采烈。这时，也许你会情不自禁地自言自语道："你看这小伙子多帅，肯定是个有用之才。"

每天都去欣赏你最喜欢的照片，你就会得到一些极有益的启示。把你最得意的照片挑选出来，把它们放大后装入金边相框里，然后挂在屋中最显眼的地方。每当你看到它时，你的心中就会条件反射出一个明快、健康的自我，就会觉得信心百倍、干劲冲天。

郁闷一时，但不能郁闷一世

痛苦的感受犹如泥泞的沼泽地，你越是不能很快地从中脱身，它就越可能把你陷住，越陷越深，直至不能自拔。南唐后主李煜被俘后赋词曰：

往事只堪哀，对景难排。
秋风庭院藓侵阶。
一任珠帘闲不卷，终日谁来。
金剑已沉埋，壮气蒿莱。

晚凉天净月华开。

想得玉楼瑶殿影，空照秦淮。

像这样留恋逝去的荣华，死盯住自己的遭遇不放，哪能不被沉重的痛苦情绪所压倒呢？

鲁迅笔下的祥林嫂，心爱的儿子被狼叼走后，痛苦得心如刀剜，她逢人就诉说自己儿子的不幸。起初，人们对她还给予同情。但她一而再、再而三地讲，周围的人们就开始厌烦。她自己也更加痛苦，以致麻木了。老是向别人反复讲述自己的痛苦，就会使自己久久地不能忘记这些痛苦，从而更长久地受到痛苦的折磨。

放弃负面情绪不是采取逃避的态度，而是说，一方面，情感不要长久地停留在痛苦的事情上；另一方面，我们的理智应当多在挫折和坎坷上寻找突破口。

以下是励志大师安东尼·罗宾指出人生中最有力量的十种好情绪：

1. 爱与温情

任何负面的情绪在与爱接触后，就如冰雪遇上了阳光，很容易就消融了。如果现在有个人跟你发脾气，你只要始终对他施以爱心及温情，最后他便会改变先前的情绪。

福克斯说得好，只要你有足够的爱心，就可以成为全世界最有影响力的人。

2. 感恩

一切情绪之中最有威力的便是爱心，但它以不同的面貌呈现出来。感恩也是一种爱，因而安东尼·罗宾喜欢通过思想或行动，生动地表达出自己的感恩之情，同时也好好珍惜上天赐给他的、人们给予他的、人生经历的一切。如果我们常心存感恩，人生就会过得再快乐不过了。因此，请好好经营你那值得经营的人生，让它充满芬芳。

3. 好奇心

如果你真心希望你的人生能不断成长，那么就得有像孩童般的好奇心。孩童最懂得欣赏“神奇”了，因为那些神奇能占据孩童的心灵。如果你不希望人生过得那么乏味，那就在生活中多带些好奇心；如果你有好奇心，那么便会发现生活中处处都有奥妙之处，你就能更好地发挥潜能；如果你好好发挥你的好奇心，那么人生便是永无止境的学习过程，其中全是发现“神奇”的喜悦。

4. 振奋与热情

如果做任何事情带着振奋与热情，那所做的事就会变得多姿多彩，因为振奋与热情能把困难化为机会。热情具有伟大的力量，鼓动我们以更快的节奏迈向人生的目标。我们如何才会有热情呢？就跟如何才会有爱、有温情、有感恩和好奇心一样，只要我们决定想要有热情！

5. 毅力

上面所说的都很有价值，然而你若是想在这个世界留下值得让人怀念的事迹，那就非得有毅力不可。毅力能够决定我们在面对困难、失败、诱惑时的态度，看看我们是倒下去了还是屹立不动。如果你想减轻体重，如果你想重振事业，如果你想把任何事都做到底，单单靠着“一时的热情”是不成的，你一定得具备毅力方能成事。那是你行动的动力源头，能把你推向任何想追求的目标。具备毅力的人，他的行动必然前后一致，不达目标绝不罢休。

6. 弹性

要保证任何一件事能够成功，保持弹性的做事方法绝不可少。要你选择弹性，其实也就是要你选择快乐。在每个人的人生中都必然会遇到诸多无法控制的事情，然而，只要你的想法与行动能保持弹性，那么人生就能永葆成功，更别提生活会过得多快乐了。芦苇就是能弯下身，所以才能在狂风肆虐下生存，而榆树就是想一直挺着腰杆，结果被狂风吹折。

7. 信心

当你有信心，就敢于去尝试、敢于去冒险。要想建立信心，有个办法，那就是不断练习去使用它。如果有人问你是否有信心能把鞋带系好，相信你会以十足的信心回答说没问题。为什么你敢说得那么肯定？只因为你做这件事情已经成千上万次了。同样的道理，如果你能不断地从各方面培养自己的信心，迟早有一天你会发现，不知何时信心已在那里。

8. 快乐

要想脸上表现出快乐的样子，并不是说要你不去理会所面对的困难，而是要知道学会如何保持快乐的心情，那样就有可能改变你生活中的许多事情。只要你能脸上常带笑容，就不会有太多的行动信号引起你的痛苦。

9. 服务

某天午夜时分安东尼·罗宾驾车在高速公路上飞驰。他心中想着：“我得怎样做才能改变人生？”突然有个意念闪过脑际，罗宾如大梦初醒，兴奋得难以自持。随即他把车开下交通道并停在路边，在笔记本上写下了这句话：“生活的秘诀就在于给予。”

作为这个社会的一分子，如果我们所说的话或所做的事，不仅能丰富自己的人生，同时还可以帮助别人，那种心情是再令人兴奋不过的了。我们常会被那些追求人生最高价值之人的故事所感动。他们无条件地去关心他人，带给他人极大的福气。每天我们都应该好好反思，到底能为人们做些什么事，别只想到自己的好处。

一个能够不断地独善其身并兼济天下的人，必然是因他明白了人生的意义，那种精神不是金钱、名誉、夸奖所能比的。拥有服务精神的人生是无价的，如果人人都效仿，这个世界定然会比今天更美好。

10. 活力

你要经常注意自己是否活力充沛，因为一切情绪都来自于你的身体。如果你觉得有些情绪溢出常轨，那就赶紧检查一下身体吧。当我们觉得压力很重时，呼吸就会很不顺畅，这样就慢慢把活力耗竭掉了。如果你希望有个健康的身体，那就得好好学习正确的呼吸方法。

另外一个保持活力的方法就是要维持身体足够的精力。由于每天的身体活动都会消耗掉我们的精力，因而我们得适度休息，以补充失去的精力。请问你一天睡几个小时呢？如果你一般都得睡上8~10个小时的话，很可能多了点。根据研究调查，大部分人一天睡6～7个小时就足够了。还有一个跟大家看法相反的发现，就是静坐并不能保存精力。这也就是为什么坐着也会觉得疲倦的原因。要想有精力，就必须“动”才行。越是运动就越能产生精力，因为这样才能使大量的氧气进入身体，使所有的器官都活动起来。唯有身体健康才能产生活力，有活力才能让我们应付生活中各种各样的问题。

让自己保持在“最佳状态”

每天精神饱满地去迎接工作的挑战，以最佳的精神状态去发挥自己的才能，就能充分发掘自己的潜能。你的内心同时也会变化，变得越发有信心，你的价值也会越发得到别人的认可。

不是每个人都了解精神状态是如何影响工作的，但是我们都知道没有人愿意跟一个整天提不起精神的人打交道，没有哪一个老板愿意提拔一个精神萎靡不振、牢骚满腹的员工。

当记者采访微软的招聘官员时，他说：“从人力资源的角度讲，我们愿意招的‘微软人’，他首先应是一个非常有激情的人：对公司有激情，对技术有激情，对工作有激情。他可能给你带来许多意想不到的成果。”

刚刚进入公司的年轻人，自觉工作经验缺乏，为了弥补不足，常常早来晚走，斗志昂扬，就算是忙得没时间吃午饭，依然很开心，因为工作有挑战性，感受也是全新的。

其实很多年轻人在初入职场时都经历这种工作时激情四射的状态。可是，这份激情来自对工作的新鲜感以及对工作中不可预见的问题的征服感，一旦新鲜感消失，工作驾轻就熟，激情也往往随之湮灭。不知何时，一切开始变得平平淡淡，过去充满创意的想法消失了，每天的工作变成了应付了事，既厌倦又无奈，又很茫然，也不清楚究竟怎样才能找回曾经的激情。在老板眼中你也由一个前途无量的员工变成了一个仅仅比较称职的员工。

保证你工作激情的有效方法是保持对工作的新鲜感。可是，保持新鲜感却不是一件容易的事。不管什么工作，都有从开始接触到全面熟悉的过程，要想保持对工作恒久的新鲜感，首先必须改变只把工作当成谋生手段的观念，要把自己的事业、成功和目前的工作连接起来；其次，保持长久激情的秘诀就是给自己不断树立新的目标，挖掘新鲜感；把曾经的梦想拣起来，找机会实现它；审视自己的工作，看看有哪些事情一直拖着没有处理，然后把它做完……在你解决了一个又一个的问题后，自然就产生了一些小小的成就感，这种新鲜的感觉就是让激情每天都陪伴自己的最佳良药。

精神状态是可以互相感染的，如果你始终以最佳的精神状态出现在办公室，工作有效率而且有成就，那么你的同事一定会因此而受到鼓舞，你的热情会像野火般蔓延开来。

小王是一个汽车清洗公司的经理，这家店是12家连锁店中的一个，生意相当兴隆，而且员工都热情高涨，他们为自己的工作骄傲，都感觉生活是美好的……但是小王来此之前不是这样的，那时，员工们已经厌倦了这里的工作，他们中有的已打算辞职。可是小王却用自己昂扬的精神状态感染了他们，让他们重新快乐地工作起来。

小王每天第一个到达公司，微笑着向陆续到来的员工打招呼，把自己的工作一一排列在日程表上，他创立了与顾客联谊的员工讨论会，时常把自己的假期向后推迟……在他的影响下，整个公司变得积极上进，业绩稳步上升，他的精神改变了周围的一切，老板因此决定把他的工作方式向其他连锁店推广。

良好的精神状态是你责任心和上进心的外在表现，这正是老板期望看到的。所以就算工作不尽如人意，也不要愁眉不展、无所事事，要学会掌控自己的情绪，让一切变得积极起来。

年轻人刚进入职场，给上司留下良好的印象肯定对自己事业的发展是有利的。那么，怎样给上级留下良好的印象呢？其中重要的一条，也是不难做到的一条就是早到晚走。

《商业周刊》曾经对知名的企业家做了一次专访。其中有一个人谈到他成功的秘诀，凭借的全是实践他祖母的一句话：“要当早晨第一个到办公室，晚上最后一个离开的人。”这句话听起来很简单，但当你仔细琢磨后，才会体会它的深刻意义。

在星期一早上，职员们通常比平常来得晚，而且显出精神不振的样子，好像大家都不喜欢星期一来上班。如果你能比其他人都早到一些，并且特地穿着很精神，再喝一杯浓咖啡。即使只是趁别人还没有进办公室之前查查自己私人的电子邮件，或者整理一下办公桌，都会让自己提早进入一周的工作状态。同时跟四周的人比起来，你的精神状态一定会显得更加积极，这无疑会给上级留下突出的印象。

你即便不能第一个到办公室，也不要当那个姗姗来迟的人。来得晚当然会给上司留下不积极工作的印象。

你就算不能最后一个下班，也不要在所有人都还埋头工作时第一个离去。即便你的工作效率可能真的比别人都高，你也应该要帮助必须今晚要加班的人，问他有什么需要你帮忙的，就算你到头来什么都使不上力，你的心意也会让人感动。在此过程中，你一定要具有诚意。你要记住，个人的成功离不开团体的成功，工作是需要合作的。如果让团队里其他人成绩不佳，上司不会认为你的能力比其他人高强．反而会怀疑你干得少，而且没有团队合作精神，也就是缺乏责任感。

更糟的是，如果你第一个离开办公室，第二天发现你昨天的工作出了些错误，任何人都会想：你早早下班赶着去约会才对工作心不在焉。到时你浑身是嘴也说不清。

查理·琼斯提醒我们：“如果你对于自己的处境都无法感到高兴的话，那么可以肯定，就算换个处境你也照样不会快乐。换句话说，如果你现在对于自己所拥有的事物、自己所从事的工作，或是自己的定位都无法感到高兴的话，那么就算获得你想要的事物，你还是一样不快乐。”

所以，要想变得积极起来完全取决于你自己。在充满竞争的职场里，在以成败论英雄的工作中，谁能自始至终地陪伴你、鼓励你、帮助你呢？不是老板，不是同事，不是下属，也不是朋友，他们都不能做到这一点。唯有你自己才能激励自己更好地迎接每一次挑战。

所以奉劝年轻人，在工作时要神情专注，在走路时要昂首挺胸，在与人交谈时要面带微笑，这会让老板觉得你是一个值得信赖的人。愈是疲倦的时候，就愈穿着整洁、愈有精神，不要让人看出你的一丝倦容。如果是女性的话，不妨化个全妆，这样做会给他人带来积极的影响。

总之，每天精神饱满地去迎接工作的挑战，以最佳的精神状态去发挥自己的才能，就能充分发掘自己的潜能。你的内心同时也会变化，变得越发有信心，你的价值也越发得到别人的认可。

摒弃恐惧，才会有更好的开始

麦克·英泰尔是一个平凡的上班族，三十七岁那年他做了一个大胆的决定：放弃薪水优厚的记者工作，只带了干净的衣服，由阳光明媚的加州，靠搭便车横越美国。

他的目的地是美国东海岸北卡罗莱纳州的恐怖角——这只是他精神快崩溃时做的一个仓促决定。某个午后他忽然哭了，因为他问了自己一个问题：如果有人通知我今天死期到了，我会后悔吗？答案竟是那么地肯定。虽然他有好工作，有漂亮的女友，但他发现自己这辈子从来没有下过什么赌注，平顺的人生从没有高峰或低谷。他为自己懦弱的上半生而痛哭。一念之间，他选择了北卡罗莱纳的恐怖角作为最终目的，借以象征他征服生命中所有恐惧的决心。

最后，麦克·英泰尔成为美国媒体中传颂的知名人物。

克服恐惧看起来非常困难，但改变却在一念之间。其实，生活中有很多恐惧和担心完全是我们想象出来的，想要驱除它必须在潜意识里彻底根除它。

对于多数人尤其是心理有恐惧症者而言，与陌生人见面往往产生一些不自在的烦恼。其实胆怯无关乎个性，而往往由于接触的经验不够，进而排斥他人的情形居多。但若能进行自我训练，累积与他人相处的经验，即使无法改变自己的个性，亦不至于以与他人接触为苦。为加强自我的信心，不妨先做心理建设，常常提醒自己多接触不寻常的人物，借以改变自己的人生观，以及增加人生乐趣。

生活中我们与陌生人会面时所以会感到不安，原因之一便是觉得无话可说——找不出话题的约会的确令人乏味。其实，此种想法并不正确。与陌生人会面的恐惧心态，与第一次尝试没吃过的食物有点相似，大多基于自我保护的心态，所以绝不愿多接触素不相识的人。如此，又怎能了解与人相交的乐趣呢？事实上，因相见而遭受严重挫伤的情形毕竟少之又少。若是因噎废食，让自己过着封闭的人生，岂非得不偿失？所以，放开胆子，与人交往，融入社会，这才是智者之举。

当然，没有人能够完全摆脱怯懦和畏惧，最幸运的人有时也不免有懦弱胆小、畏缩不前的心理状态。但如果使它成为一种习惯，它就会成为情绪上的一种疾弊。它使人过于谨慎、小心翼翼、多虑、犹豫不决，在心中还没有确定目标之时，已含有恐惧的意味。在稍有挫折时便退缩不前，因而影响自我设计目标的完成。

恐惧者害怕面对冲突，害怕别人不高兴，害怕丢面子。所以在择业时，因怯懦，他们常常退避三尺，缩手缩脚，不敢自荐。在用人单位面前他们唯唯诺诺，不是语无伦次，就是面红耳赤、张口结舌。他们谨小慎微，生怕说错话，害怕回答问题不好而影响自己在用人单位代表心目中的形象。在公平的竞争机遇面前，由于怯懦，他们常常不能充分发挥自己的才能，以至于败下阵来，错失良机，于是产生悲观失望的情绪，导致自我评价和自信心的下降。

生活在现代社会，我们必须摒弃害怕、畏惧的心理，端正心态，以一颗健康有力的心尝试生活，明天才会有更好的开始。

坏情绪会来，也会去

一名初探歌坛的歌手，他满怀信心地把自制的录音带寄给某位知名制作人。然后，他就日夜守候在电话机旁等候回音。

第一天，他因为满怀期望，所以情绪极好，逢人就大谈抱负；第十七天，他因为情况不明，所以情绪起伏，胡乱骂人；第三十七天，他因为前程未卜，所以情绪低落，闷不吭声；第五十七天，他因为期望落空，所以情绪坏透，拿起电话就骂人。没想到电话正是那位名制作打来的。他为此而毁了期望，自断了前程。

我们在为这名歌手深深惋惜的同时，也更深刻地明白了不良情绪带给人的危害。美国德克萨斯州立大学的史密斯教授曾经针对受测者情绪的变化及其个人生理心理状态做了一个实验。

他在实验报告中指出：一般人的情绪大多在处于焦虑、愤怒、恐惧的情况下会有一种来自脑下腺的激素肾上腺皮质刺激素，分泌出来刺激肾上腺，因而影响受测者的生理状态。在这种情况下，受测者极易产生心跳加速、口干、胃部胀痛等生理现象。这种情形如果持续进行，就容易引起心脏病、高血压或胃溃疡等后遗症。

天有不测风云，人有旦夕祸福。日常生活中我们难免会遇到一些挫折、困苦等不愉快的事，而一味地生气、焦虑、怨恨，不但不会使事情好转，反而严重地伤害我们的身心健康。

人不会永远都有好情绪，任何人遇到灾难，情绪都会受到一定影响。这时，你一定要操纵好情绪的转换器。面对无法改变的不幸或无能为力的事，就抬起头来对天大喊：“这没有什么了不起，它不可能打败我。”或者耸耸肩，默默地告诉自己：“忘掉它吧，这一切都会过去！”

被称为世界剧坛女王的拉莎·贝纳尔，突遇风暴，不幸在甲板上滚落，足部受了重伤。当她被推进手术室，面临锯腿的厄运时，突然念起自己所演过的一段台词。记者们以为她是为了缓和一下自己的紧张情绪，可她说：“不是的，是为了给医生和护士们打气。你瞧，他们不是太正儿八经了吗？”

拉莎·贝纳尔在面对无法抗拒的灾难时，没有恨天怨地，没有抱怨命运不公，相反，她勇敢地跳出悲伤、焦虑的圈子，重新燃起生活的激情。一句“他们不是太正儿八经了吗？”，说这话时，她心中的情绪转换器一定调整到了最佳状态！后来，拉莎手术圆满成功后，她虽然不能再演戏了，但她还能讲演，她的充满生命热情的讲演使她的戏迷再次为她鼓掌。

情绪是可以调适的，只要你操纵好情绪的转换器，随时提醒自己，鼓励自己，你就能让自己常常有好情绪。那么，当坏情绪突然来临时，如何调适，操纵好情绪的转换器呢？下面的方法可供你参考：

散散步，把不满的情绪发泄在散步上，尽量使心境平和，在平和的心境下，情绪就会慢慢缓和而轻松。

最好的办法是用繁忙的工作去补充，去转换，也可以通过参加有兴趣的活动去补充，去转换。如果这时有新的思想、新的意识突发出来，那些就是最佳的补充和最佳的转换。

坏情绪会来，也会去。没什么了不得，没什么好恐慌。轻松地面对它，接纳它。它会感谢你的盛情，不再打扰你。

永远保持朝气

年年岁岁只在你的额头上留下皱纹，但你在生活中如果缺少热情，你的心灵就将布满皱纹了。

——乌尔曼

每天走在上班下班的人潮中，面对着拥挤的人流，徒生感慨：日复一日地重复着同样枯燥的事情，面对索然无味的工作及生活，生命是否平淡得略显苍白了？长此以往，生命的意义何在呢？生命何时才有激情可言呢？我想大多数人可能都如我一样有过这样的思考。

车尔尼雪夫斯基说过：“生活只在平淡无味的人看来才是空虚而平淡无味的。”贤者说得好，或许我辈正是如此吧！在日复一日的忙碌中，我们忘记了给生命点燃一份热情，以至于把重复的事情看得索然无味，把吃饭、工作看成是一种负担。实际上，热情对于生命来说是极其重要的。生活是船，热情便是帆。你可以没有金钱，但你不能没有精神；你可以没有权势，但你不能没有生活的热情。热情是世界上最大的财富，它的潜在价值远远超过金钱及权势。

艾青曾说过这样一段话：“假如人生仅是匆匆过客，在世界上彷徨一些时日。假如活着只求一身的温饱，和一些人打招呼、道安。不曾领悟什么，也不曾启示过什么。没有受人毁谤，也没有辱骂过人。对所看见的、所听见的、所触到的，没有发表一点意见。临死了，对永不回来的世界，没有遗言。能不感到空虚和悲哀吗？”的确，这种人生才是真正悲哀的人生，这种生命，不来也罢！

无论生命的旅程是一帆风顺，还是充满磨难，都请拿出热情来点燃生命的航程吧。在风平浪静时，从容地打点生活；在激浪排空时，豁达地欣赏自我的生命的力量。

生活是美好的，生活的三棱镜折射出的七彩阳光更是美丽耀人的。让我们投入到生活的洪流之中，点燃生命的热情，这样，我们就会拥有一种充实的生活态度。我们就不会再把生活中的付出当作辛劳，相反，我们会忘记生活的艰辛，用旺盛的精力、充分的耐心和良好的状态去迎接每天的工作。时间飞逝，热情不绝。有了这样的生活信念，抱定这样的生活态度，一切都将变得无比美好！

王蒙《青春万岁》写得很美，让我们一同欣赏那激动人心的诗句：

所有的日子，所有的日子都来吧
让我们编织你们，用青春的金线
和幸福的缨络，编织你们
是单纯的日子，也多变的日子
浩大的世界，样样叫我们惊奇
从来都兴高采烈，从来不冷漠
眼泪、欢笑、深思，全是第一次

第十二章

拥有正能量，你的胸怀会变得宽广

雨果曾说：“比陆地宽广的是海洋，比海洋宽广的是天空，比天空宽广的是人的胸怀。”拥有正能量的人，都是心胸宽广的人。因为如果我们心里能容得下山，容得下海，容得下天和地，那么我们怎么还就容不下小小的人？怎么还就容不下短短人生中的琐琐碎碎？那么，我们眼前哪还有走不通的路，哪还有过不去的坎儿？

区区小事，值得你计较吗?

有些人在面临大事时能稳住阵脚，但在面对一些小事情时却慌了手脚，不知道该如何处置，可以经受住生死的考验，却被小事所烦忧；也有的人在大事上可以潇洒地放手，却对一些小事挂肠，念念不忘，甚至为一些鸡毛蒜皮的小事争吵。他们浪费了许多宝贵的时间在这些小事情上，而不是用这些时间去做一些有价值的事，去想一些应该思考的问题。其实，生活有时正是因为我们太看重小事，反而过得很累。所以，如果想要让自己过得惬意，就不要揪住一些小事不放手。

约瑟夫·沙巴士是芝加哥的一名法官，他仲裁过四万多件不愉快的婚姻案件。他曾感叹地说：“令大部分婚姻生活不美满的原因通常都是一些小事情。”还有一名地方检察官也说道：“在我们的刑事案件中，有很多都是起因于一些很小的事情。比如，在酒吧里说话侮辱别人，行为粗鲁不讲礼貌，最后才导致伤害的。许多犯了错的人，都是因为自尊心受到了小小的伤害，就控制不住自己，结果酿成了伤心事。”

法律不会去管一些小事情，一个人也不该为这些小事情忧虑，如果他希望求得心理上的平静。如果他能对一些小事耸耸肩，那说明他已经变得成熟。因为只有当一个人的思想不再顾虑身边发生的一些小过失时，那他就有了一种可以轻松过生活的资本。

要想克服被小事困扰的毛病，只要把自己的看法和重点改变一下就可以了。让自己注意一些可以令自己开心的东西，做一些能令自己变得更好的事情。这样，在短促的一生中，我们才不会因自己浪费了不必要的时间而伤心后悔。就如吉布林所说：“生命是这样地短促，不能再顾及小事。”

有位智者说：“在我们的生活中，约有90%的事情是好的，10%的事情是不好的。如果你想过得快乐，就应该把精力放在这90%的好事上面；如果你想担忧、操劳，就可以把精力放在那10%的坏事情上面。”的确，如果我们能放手那10%的小事，那你就能过得舒心！

林肯说过：“人只要心里决定快乐，大多数都能如愿以偿。”快乐是内发的，它的产生不是由于事物，而是由于个人所产生的态度和观念。如果我们感到可怜，很可能会一直感到可怜。如果放弃不快乐的来源——过度地自尊，那你就能在面对交通堵塞或被踩脚指头这类小事时避免火冒三丈。

在科罗拉多州长山的山坡上，躺着一棵大树的残躯。自然学家说，它有400多年的历史。它初发芽时，哥伦布刚在美洲登陆；它长到成年的一半时，第一批移民刚刚到美国。400多年来，它无数次地被狂风暴雨袭击过，被闪电击中过，但它战胜了它们，存活了下来。不幸的是，它最后被一小队甲虫击倒了。那些甲虫从它的根部开始咬，在这种持续不断地攻击下，这个森林中的巨人终于倒下了。岁月不曾使它枯萎，闪电不曾将它击中，狂风暴雨不曾使它动摇，但小甲虫却使它倾倒了。

有些人就如同这棵大树，经历了生命中许多风暴的冲击，都挺过来了，结果却让一些小事的忧虑损害了。如果你想让自己的生命之树不遭受小虫的咬噬，就要让自己的心学会宽待他人和他事，就要学会放下一些小事情。当你在放下的那一刹那，你可能发现你的头顶上充满了耀眼的光彩，你收获了一片光明。为了使你的事业更加成功，为了使你的生命价值得到最大体现，请你不妨放弃人生道路上的琐琐碎碎，去拥有更加广阔的天空。

用欣赏代替嫉妒，你会收获很多

培根说：“嫉妒能使人得到短暂的快感，也能使不幸更辛酸。”嫉妒是一种复杂的情绪，它认为别人往前走就是自身的后退，于是敬畏、屈辱、自卑、恼怒之情便纷至沓来，撕咬着人的心。这当然是难以忍受的。怎么办呢？最好的办法是寻出对方的短处来。实在寻不出来时，就想办法造个谣，拼着命把别人拉下来，因而，心胸狭窄之人必然是自己长进了，就不允许别人长进；自己不长进，尤其不允许别人长进。

有嫉妒心的人，自己不能成就伟大事业，便尽量低估他人的伟大，使之与他相齐，或者用怀疑别人动机、诬蔑别人伪善的办法来剥夺别人可敬佩的成就。于是，因嫉妒而产生的种种心态便表现出来：或消极沉沦，萎靡不振；或咬牙切齿，恼羞成怒；或铤而走险，害人毁己。嫉妒比坟墓更残酷。

巴鲁克说：“不要嫉妒，最好的办法是假定别人能做的事情，自己也能做，甚至做得更好。”记住，一旦你有了妒忌，也就是承认自己不如别人。你要超越别人，首先你得超越自身。波普曾经说过：“对心胸卑鄙的人来说，他是嫉妒的奴隶；对有学问、有气质的人来说，嫉妒却化为竞争心。”坚信别人的优秀并不妨碍自己的前进，相反，却给自己提供了一个竞争对手。一个榜样能给你前所未有的动力。事实上，每一个真正埋头沉入自己事业的人是没有工夫去嫉妒别人的。

不同的嫉妒心理有不同的嫉妒内容，但主要是在四个方面表现得尤为突出，这就是名誉、地位、钱财、爱情。有的还表现为一种综合性的笼统内容，即只要是别人所有的，都在其嫉妒之内。

以下为具体特征：

1.明显的对抗性。

古希腊斯葛多派的哲学家认为：“嫉妒是对别人幸运的一种烦恼。”

嫉妒心理的对抗特征具有明显的攻击性，其攻击的目的在于颠倒被攻击者的形象，甚至本来关系密切，由于嫉妒使道德天平倾斜，往往不看别人的优点、长处，而总是挑剔别人的毛病，甚至不惜颠倒黑白，弄虚作假。

2.明确的指向性。

嫉妒心理的指向性往往产生于同一时代、同一部门的同一水平的人中间，主要是因为嫉妒心理是一种以极端自私为核心的绝对平均主义者。因为曾经“平起平坐”过，或是曾经“不如自己”过，如今成了“能干”者，使嫉妒者产生抵触和对抗。

3.不断发展的发泄性。

一般说来，除了轻微的嫉妒仅表现为内心的怨恨而不付诸行为外，绝大多数的嫉妒心理都伴随着发泄性行为。主要有三种方式：一种是言语上的冷嘲热讽；一种是行为上的冷淡，疏远被嫉妒者；一种是具体行为，或是攻击性强的行为。

4.不易察觉的伪装性。

由于社会道德的威力，嫉妒心理被大多数人所不齿，使嫉妒心理一般都不愿直接地表露出来，千方百计地伪装，企图使人不易察觉。如本来是嫉妒某人的某一方面，却不敢直言，故意拐弯抹角地从另一方面进行指责或攻击。

结合每一个人的实际情况，有意识地提高自己的思想修养水平，是消除和化解嫉妒心理的直接对策。

伯特兰·罗素是20世纪声誉卓著、影响深远的思想家之一，1950年诺贝尔文学奖获得者。他在其《快乐哲学》一书中谈到嫉妒时说：“嫉妒尽管是一种罪恶，它的作用尽管可怕，但并非完全是一个恶魔。它的一部分是一种英雄式的痛苦的表现；人们在黑夜里盲目地摸索，也许走向一个更好的归宿，也许只是走向死亡与毁灭。要摆脱这种绝望，寻找康庄大道，文明人必须像他已经扩展了他的大脑一样扩展他的心胸。他必须学会超越自我，在超越自我的过程中，学得像宇宙万物那样逍遥自在。”

如何化解嫉妒之心：

1. 胸怀大度，宽厚待人

19世纪初，肖邦从波兰流亡到巴黎。当时匈牙利钢琴家李斯特已蜚声乐坛，而肖邦还是一个默默无闻的小人物。然而李斯特对肖邦的才华却深为赞赏。怎样才能使肖邦在观众面前赢得声誉呢？李斯特想了个妙法：那时候在钢琴演奏时，往往要把剧场的灯熄灭，一片黑暗，以便使观众能够聚精会神地听演奏。李斯特坐在钢琴面前，灯一灭，他就悄悄地让肖邦过来代替自己演奏。观众被美妙的钢琴演奏征服了。演奏完毕，灯亮了。人们既为出现了一位钢琴演奏的新星而高兴，又对李斯特推荐新秀深表钦佩。

2. 自知之明，客观地评价自己

当嫉妒心理萌发时，或是有一定表现时，能够积极主动地调整自己的意识和行动，从而控制自己的动机和感情，这就需要冷静地分析自己的想法和行为，同时客观地评价一下自己，从而找出差距和问题。当认清了自己后，再重新认识别人，自然也就能够有所觉悟了。

3. 快乐之药可以治疗嫉妒

快乐之药可以治疗嫉妒，是说要善于从生活中寻找快乐，就正像嫉妒者随时随处地为自己寻找痛苦一样。

4. 少一分虚荣就少一分嫉妒心

虚荣心是一种扭曲了的自尊心。自尊心追求的是真实的荣誉，而虚荣心追求的是虚假的荣誉。对于嫉妒心理来说，它是要面子，不愿意别人超过自己，以贬低别人来抬高自己，这正是一种虚荣、一种空虚心理的需要。单纯的虚荣心与嫉妒心理相比，还是比较好克服的。而二者又紧密相连。所以克服一分虚荣心就少一分嫉妒。

5. 自我转换法可以消除嫉妒心理

嫉妒可以使一个人萎靡不振，但是如果合理地自我转换，不把时间浪费在抱怨外在环境上，就能变为发奋图强。作家爱德蒙德·威尔逊在看到同行写的《伟大的盖茨比》时，非常嫉妒其对戏剧场面的营造。但他马上将嫉妒转换成发奋，写出了许多充满激情、技巧高超的作品。

6. 自我抑制是治疗嫉妒心理的苦药；自我宣泄是治疗嫉妒心理的特效药

嫉妒心理也是一种痛苦的心理，当还没有发展到严重程度时，用各种感情的宣泄来舒缓一下是相当必要的，可以说是一种顺坡下驴的好方式。

在这种发泄还仅仅是处于出气解恨阶段时，最好能找一个较知心的亲友，痛痛快快地说个够，暂求心理的平衡，然后由亲友适时地进行一番开导。虽不能从根本上克服嫉妒心理，但却能中断这种发泄性朝着更深的程度发展。如有一定的爱好，则可借助各种业余爱好来宣泄和疏导，如唱歌、跳舞、书画、下棋、旅游等等。

有爱无恨的世界，你可以拥有

有这样一个人的经历：

他在台上演讲时，那人在台下窃窃私语；他说到兴奋之处，那人却讥讽地哈哈大笑。

他有权力阻止这个对自己充满敌意的人的所为，但是他没有。他总是面带微笑看着他，然后继续自己的演说。

他知道那人喜欢藏书，有次在议会大厦的大厅里遇上，他问："我有许多珍贵的藏书，不知你有没有兴趣？"

那人吃了一惊。

他把家中的许多藏书赠给那人，他们之间有了接触，谈论的话题从书籍发展到政见。最后，他们成为挚友。

他就是美国著名的政治家富兰克林，而那个对他充满敌意的人当时的身份是州议会议员。

生活中，我们难免会遇到敌人，此时此刻，我们可以和他们针锋相对，和对手斗争到底；可以忽略对手，不与对手一般计较；当然也可以化敌为友。

但是，大家不妨想一下，若是争斗起来，可以天昏地暗；若是忽略对方则需要豁达和操守，淡然看待对手的挑衅。化敌为友则需要更宽广的胸怀和更长远的考虑。

与人争斗、忘记对手是容易的，但要笑脸面对敌人，把敌人引为知己，却要遭遇人性上的艰苦考验。然而，如果我们能以一颗平常心豁达地对待对手，就会发现其实化敌为友会带给我们太多意想不到的收获。

佛家曾有慧语：仇恨永远不能化解仇恨，只有爱才能够彻底化解仇恨。

前苏联著名作家叶夫图申科在《提前撰写的自传》中讲到过这样一则十分感人的故事：

1944年冬天，饱受战争创伤的莫斯科异常寒冷，两万德国战俘排成纵队，从莫斯科大街上依次穿过。

尽管天空中飘飞着大团大团的雪花，所有的马路两边依然挤满了围观的群众。大批苏军士兵和治安警察在战俘和围观者之间画出了一道警戒线，用以防止德军战俘遭到围观群众愤怒的袭击。

这些老少不等的围观者大部分是来自莫斯科及其周围乡村的妇女。她们之中每一个人的亲人，或是父亲，或是丈夫，或是兄弟，或是儿子，都在德军所发动的侵略战争中丧生。她们都是战争最直接的受害者，都对悍然入侵的德寇怀着满腔的仇恨。

当大队的德军俘虏出现在妇女们的眼前时，她们全都将双手攥成了愤怒的拳头。要不是有苏军士兵和警察在前面竭力阻拦，她们一定会不顾一切地冲上前去，把这些杀害自己亲人的刽子手撕成碎片。

俘虏们都低垂着头，胆战心惊地从围观群众的面前缓缓走过。突然，一位上了年纪、穿着破旧的妇女走出了围观的人群。她平静地来到一位警察面前，请求警察允许她走进警戒线去好好看看这些俘虏。警察看她满脸慈祥，没有什么恶意，便答应了她的请求。于是，她来到了俘虏身边，颤巍巍地从怀里掏出了一个印花布包，打开一看，里面是一块黝黑的面包。她不好意思地将这块黝黑的面包硬塞到了一个疲惫不堪、拄着双拐艰难挪动的年轻俘虏的衣袋里。年轻俘虏怔怔地看着面前的这位妇女，刹那间已泪流满面。他毅然扔掉了双拐，"扑通"一声地跪倒在地上，给面前这位善良的妇女重重地磕了几个响头。其他战俘受到感染，也接二连三地跪了下来，拼命地向围观的妇女磕头。于是，整个人群中愤怒的气氛一下子改变了。妇女们都被眼前的一幕所深深感动，纷纷从四面八方涌向俘虏，把面包、香烟等东西塞给这些曾经是敌人的战俘。

故事以这样一句发人深思的话结尾："这位善良的妇女，刹那之间便用宽容化解了众人心中的仇恨，并把爱与和平播种进了所有人的心田。"

与人交往，退一步绝对能海阔天空，很多时候，在我们最需要帮助时，身边出现的人往往是我们的敌人。

因此，多一个朋友，远不如减少一个敌人好。只要我们主动伸出和解之手，化解彼此心中的疙瘩，我们可能就会减少一个敌人，而增加一个肝胆相照的好朋友。

你慷慨吗？

冬日的黄昏，查尔斯和朋友坐在熊熊的炉火旁，气氛宜人，最适合促膝谈心，这位朋友平素沉默寡言，现在却娓娓细语地讲述自己的心事。

"我常常感到痛苦，"她说，"我没有力量对别人慷慨一点，要想送人一点东西也办不到。"查尔斯知道她的情形。她丈夫接连生了几场病，家里债台高筑，还有三个孩子在读书，所以她的手头非常拮据，一文钱也不能乱花。可是她似乎并不知道，她自己实在是小镇上最肯帮助别人的人。

"我觉得，你是最慷慨的人了。"查尔斯说，"让我把其中的道理说给你听。"他们首先谈到钱，因为钱所代表的慷慨是大家所最熟悉的。可是事实上，真正的慷慨是另外一种表现。

查尔斯朋友的太太送他一株木兰作为生日礼物的故事。有一天，他回家比较早，看见邻家的孩子在他的前院挖坑，他觉得很奇怪。

"那孩子告诉我，他知道我的太太要送我一株木兰。他接着说：'我很穷，但我也想送你一点礼物，就是这个坑'。我心里感动极了！"有一次，查尔斯在路上遇见一位朋友的丈夫，他提着一个漂亮的盒子，满面春风地告诉我："我的太太一直想有一件皮大衣。这两年我省吃俭用，现在终于买来了——我要送给她，庆祝我们结婚十周年纪念。来，你到我家来，看看她高兴的样子。"到了他家之后，他的太太打开盒子一看，却说："哎！你怎么搞的？你晓得，我们现在多需要一块新地毯。"然后才很勉强地补上一句："当然，我很感谢你，你待我太好了……"但已经太迟了。送礼的快乐遇到了寒流，两年来的一腔热情完全付诸东流。

一位有钱的太太，她想要的东西都有了。有一天，她无意中谈到需要一样小东西，可是没有空上街。

查尔斯觉得可以替她效劳，想不到她竟眼泪汪汪地说："你真好，肯为我跑那么远的路！"不过花点时间，她那样感激涕零，使查尔斯觉得反而倒欠了她的情似的。事实上，最好的礼物莫过于自己的时间。礼物没有送礼者自身的成分便没有意义：任何礼物都不如时间所包括的自身成分多。可是许多人宁愿花钱，而吝啬时间。

多数人都有慷慨之心，所幸表达慷慨的方式也很多。为别人的幸运和幸福而庆幸，是一种慷慨；能从别人的观点看事物，容许别人有自己的意见和特色，也是一种慷慨。此外，善解人意，避免鲁莽的言行；耐心倾听别人的诉苦；同情分担别人的悲痛，都是慷慨。

学会理解，天天都有好心情

理解是什么？理解是人与人之间心灵的沟通，是站在别人的角度看问题。理解使人际关系变得更融洽，使生活变得更美好。理解是一座舒心桥，因为有了它，社会少了许多争吵和误解。福特汽车公司创始人亨利·福特曾经说过："如果说成功有任何秘诀的话，那这个秘诀就是存有这样的能力：了解他人的观点，从你自己的角度看问题的同时，也从他人的角度看问题。"

事实上，我们常常忽视这一点，常常各持己见，互不宽容，结果产生了种种的冲突和矛盾，既影响了事业的进展，也破坏了一天的好心情。所以，要想让生活充满欢乐，要想成就一番事业，就应该学会理解别人，学会做出让步。只有对别人好，才能换得别人的理解。不能理解别人只是苛求别人，这样的人会失去许多人生的挚友和事业的伙伴。

著名京剧表演艺术家梅兰芳先生，他的善解人意，就为他带来了白玉无瑕的美名。

抗战胜利后，在上海一家小报的广告中出现了一条“艺人梅兰芳卖画”的字样，显然，是有人在冒梅兰芳之名赚钱。对这种恶劣行为，梅兰芳的朋友们都十分气愤，纷纷准备去那家小报兴师问罪，并准备找出那个冒名者，狠狠教训他一通。

梅兰芳却劝阻了他们，他对朋友们说：“这个冒名者想赚钱不假，但通过卖画来赚钱，想必也是有点本事的，估计也是个读书人，只不过命运不济罢了。”

朋友们从侧面了解了一下冒名者的来历，果然同梅兰芳所预料的一样。无独有偶，西班牙的著名画家毕加索也有这样的宽大胸怀。

毕加索对冒充他作品的假画毫不在乎，从不追究，最多只是把伪造的签名除掉。有人不解地问他为什么这样，毕加索说：“作假画的人不是穷画家就是老朋友，我是西班牙人，不能和老朋友为难，穷画家的日子也不好过。再说，那些鉴定真迹的专家们也要吃饭，那些假画使许多人有饭吃，而我也没有吃亏，为什么要追究呢？”

梅兰芳和毕加索都是伟大的，都是聪明的，正是他们的理解，才使许多人得以生存。他们没有因为理解、宽容别人而失去什么，反而让人更加敬重他们。

能站在别人的角度，换位思考，实在是难能可贵的。理解是伟大的，它拉近了心与心之间的距离，增进了人与人之间的感情，增进了友谊，避免了无意义的争端。理解是一座舒心桥，只有理解别人，才能得到别人的理解，理解既给别人带来快乐，也让自己免受烦恼之苦，可谓既利人又利己。

乐天知命，做个豁达的人

豁达对于人生幸福是如此之重要，那么，我们怎样才能使自己的心达到这种境界呢？我们认为，有几点是该明确的：

1. 你的欲望应该有个度

人们的追求是无止境的，问题是看追求什么。若是追求获得更多的知识，追求为社会做出更大的贡献，就是一种崇高的追求；追求有个幸福美满的家庭，追求有一份安稳的工作，也是人之常情；若是一味地追求名利、地位、女色，则就十分危险了。所谓欲壑难填，一旦陷入金钱、权利、美色追逐的旋涡，就很难自拔。克制你的欲望，使之合理适度，这是心归于祥和平静的一个重要法门。

2. 让自己学会无私

如果在工作和生活中追求的是贡献于社会，努力创造为的是民族和国家，而不仅仅是博取功名利禄，那么，就往往不会为时时都可能发生的报酬不公而抱怨、牢骚满腹、耿耿于怀。相反，却会因对同胞、社会、民族有所奉献而心生畅通光明，坦然无悔。一个为自己打算的人凡事斤斤计较，一遇报酬不满意，便会滋生被遗忘、被冷落、被否定的感觉，心的平衡与安宁必荡然无存。只索取不奉献，就会背弃自己作为社会成员应尽的责任。如此，固然省了精力，图了轻松，得了财富，却会为良心恒久的亏欠和懊悔所折磨，遭人白眼唾骂，更是损了人格，失了尊严。

3. 有点自知之明

人们能否得到心灵豁达，能否正确评价自我和确立自我追求是很重要的。一个人评价自我是通过认识自己的长处和短处来进行的。如果夸大长处，必会傲气盈胸，自命不凡；夸大短处，则自惭形秽、自暴自弃。而只要自我评价一旦失真，人们通常就不知道自己应该做什么和能做些什么，在追求目标的选择上就容易陷入盲目。一个人只有自我评价恰如其分时才心宁情畅、不骄不躁、不卑不亢。因此，生活目标可定得适度。一种既能充分激发自己的潜力，经过努力又能达到的目标，将使人们内心坚定踏实，永远充满乐观、自信、自尊与自豪。追求豁达的人，必然是一个积极和切切实实了解了自己的人！

4. 学会自省

人非先天就是圣人，心中难免会有这样那样的错误、暗淡、罪恶、虚伪等念头。存有这些念头并不可怕，可怕的是放纵、任性和宽恕自己，从而造成恶性循环，永远生活在黑暗中，最后被毁灭。人应该经常反省自己，警惕自己，告诫自己，使这些念头不重复而逐渐把它克服。一个人只有不断地清洗自己的心，扫除思想上的桎梏和精神上的烟雾，才能扩大豁达的心。雨果说："世界上最辽阔的是大海，比大海更辽阔的是天空，比天空更辽阔的是人的胸怀。"雨果所说的，正是那些豁达的人。

豁达是一种情操，更是一种修养。只有豁达的人，才真正懂得善待自己，善待他人，生活才充满快乐，这才是豁达的人生！

得饶人处且饶人

生活在纷繁复杂的大千世界里，每个人都和别人发生着千丝万缕的联系。磕磕碰碰，出现点摩擦，在所难免。此时，如果仇恨满天，得理不饶人，后果只能是两败俱伤，鱼死网破。而如果采取忍让之道，则会"退一步海阔天空，忍一时风平浪静"。

在中国历史上，凡是显世扬名、彪炳史册的英雄豪杰、仁人志士，无不能忍。人生在世，生与死较，利与害权，福与祸衡，喜与怒称，小之一身，大之天下国家，都离不开忍。现代社会中，许多事业上非常成功的企业家、金融巨头亦将忍字奉为修身立本的真经。因而，忍是修养胸怀的要务，是安身立命的法宝，是人脉和谐的祥瑞，是成就大业的利器。

忍是一种宽广博大的胸怀，忍是一种包容一切的气概。忍讲究的是策略，体现的是智慧。"弓过盈则弯，刀过刚则断"，能忍者追求的是大智大勇，决不做头脑发热的莽夫。

忍让是人生的一种智慧，是建立良好的人际关系的法宝。忍让之苦能换来甜蜜的结果。

《寓圃杂记》中记述了杨翥的故事。杨翥的邻居丢失了一只鸡，指骂说是被杨家偷去了。杨家人气愤不过，把此事告诉了杨翥，想请他去找邻居理论。可杨翥却说"此处又不是我们一家姓杨，怎知是骂的我们，随他骂去吧！"还有一邻居，每当下雨时，便把自己家院子中的积水放到杨翥家去，使杨翥家如同发洪水一般，遭受水灾之苦。家人告诉杨翥，他却劝家人道："总是下雨的时候少，晴天的时候多。"

久而久之，邻居们都被杨翥的宽容忍让所感动，纷纷到他家请罪。有一年，一伙贼人密谋欲抢杨翥家的财产，邻居得知此事后，主动组织起来帮杨家守夜防贼，使杨家免去了这场灾难。

春秋五霸之一的晋文公，本名重耳，未登基之前，由于遭到其弟夷吾的追杀，只好到处流浪。有一天，他和随从经过一片土地，因为粮食已用完，他们便向田中的农夫讨些粮食，可那农夫却捧了一捧土给他们。

面对农夫的戏弄，重耳不禁大怒，要打农夫。他的随从狐偃马上阻止了他，对他说："主君，这泥土代表大地，这正表示你即将要称王了，是一个吉兆啊！"重耳一听，不但立即平息了怒气，还恭敬地将泥土收好。

狐偃身怀忍让之心，用智慧化解了一场难堪，这是胸怀远大的表现。如果重耳当时盛怒之下打了农夫，甚至于杀了人，反而暴露了他们的行踪，狐偃一句忠言，既宽容了农夫，又化解了屈辱，成就了大事。

忍让是智者的大度，强者的涵养。忍让并不意味着怯懦，也不意味着无能。忍让是医治痛苦的良方，是一生平安的护身符。

生活中许多事当忍则忍，能让则让。善于忍让，宽宏大量，是一种境界，一种智慧。处在这种境界的人，少了许多烦恼和急躁，能获得更加亮丽的人生。绅士过独木桥，刚走几步便遇到一个孕妇。绅士很礼貌地转过身回到桥头让孕妇过了桥。孕妇一过桥，绅士又走上了桥。走到桥中央又遇到了一位挑柴的樵夫，绅士二话没说，回到桥头让樵夫过了桥。第三次，绅士再也不贸然上桥，而是等独木桥上的人过尽后，才匆匆上了桥。眼看就到桥头了，迎面赶来一位推独轮车的农夫。绅士这次不甘心回头，摘下帽子，向农夫致敬："亲爱的农夫先生，你看我就要到桥头了，能不能让我先过去。"农夫不干，把眼一瞪，说："你没看我推车赶集吗？"话不投机，两人争执起来。这时，河面漂来一叶小舟，舟上坐着一个胖和尚。和尚刚到桥下，两人不约而同地请和尚为他们评理。

和尚双手合十，看了看农夫，问他："你真的很急吗？"农夫答道："我真的很急，晚了便赶不上集了。"和尚说："你既然急着去赶集，为什么不尽快给绅士让路呢？你只要退那么几步，绅士便过去了，绅士一过，你不就可以早点过桥了吗？"

农夫一言不发，和尚便笑着问绅士："你为什么要农夫给你让路呢，就是因为你快到桥头了吗？"

绅士争辩道："在此之前我已给许多人让了路，如果继续让农夫的话，便过不了桥了。"

"那你现在是不是就过去了呢？"和尚反问道，"你既已经给那么多人让了路，再让农夫一次，即使过不了桥，起码保持了你的风度，何乐而不为呢？"绅士满脸涨得通红。

宽容是人生难得的佳境——一种需要操练、需要修行才能达到的境界。

吃亏是福，让自己平和宁静

"吃亏是福"这是中国哲人所总结出来的一种人生观。它包括了愚笨者的智慧、柔弱者的力量，领略了生命含义的旷达和由吃亏退隐而带来的安稳宁静。

唐代的两位智者寒山与拾得（他们二人实际上是一种开启人的解脱智慧的象征）的对话从某种意义上来说对我们很有启发。

一日，寒山问拾得："今有人侮我、笑我、藐视我、毁我伤我、嫌恶恨我、诡谲欺我，则奈何？"拾得曰："子但忍受之，依他、让他、敬他、避他、苦苦耐他、不要理他。且过几年，你再看他。"

那个高傲地不可一世的人结局就可想而知了，而我们也一定可以想象得出拾得的胜利的微笑——尽管这可能是一种超脱圆滑者的微笑。不过，它的确会给我们的生活带来一些好处。

所以，如果我们知道福祸常常是并行不悖的，而且福尽则祸亦至，而祸退则福亦来的道理，那么，我们就真的应该采取"愚""让""怯""谦"这样的态度来避祸趋福。所以，"吃亏是福"不失为人生的一种特殊的处世哲学。"吃亏是福"也是一种生活的艺术。

"吃亏"大多是指物质上的损失，倘使一个人能用外在的吃亏换来心灵的平和与宁静，那无疑获得了人生的幸福。曾经读过下面这段令人怦然叫绝的文字，的确是对“吃亏是福”的最好的诠释。在此引用，以与大家共赏。

人，其实是一个很有趣的平衡系统。当你的付出超过你的回报时，你一定取得了某种心理优势；反之，当你的获得超过了你付出的劳动，甚至不劳而获时，便会陷入某种心理劣势。很多人拾金不昧，决不是因为跟钱有仇，而是因为不愿意被一时的贪欲搞坏了长久的心情。一言以蔽之，人没有无缘无故的得到，也没有无缘无故的失去。有时，你是用物质上的不合算换取精神上的超额快乐。也有时，看似占了金钱便宜，却同时在不知不觉中透支了精神的快乐。所以先哲强调：吃亏是福，就是这样一个道理。现实生活中，很多人以低调的姿态做着各种各样的好事，在不同的程度上，他们当然就是我们常说的“圣人”。

吃亏是福，生命中吃点亏算什么？吃亏了能换来非常难得的和平与安全，能换来身心的健康与快乐，吃亏又有什么不值得的呢？况且，在吃亏后和平与安全的时期之内，我们可以重新调整我们的生命，并使它再度放射出绚丽的光芒。

自古的学者都讲究养能、养学、养气、养德、养心、养量。做人修身，重要的是先要养量。

宋朝宰相富弼在处理事务时，无论大事小事，都要反复思考，因为太过小心谨慎，因此就有人批评他、攻击他。有一天，就在他马上要上朝的时候，有人让一个丫鬟捧着一碗热腾腾的莲子羹送给他，并故意装作不慎打翻在他的朝服上。富弼对丫鬟说：“有没有烫着你的手？”然后从容换了朝服。

这样的器量，他能不做宰相吗？

人有一份器量，便有一份气质；人有一份气质，便多一份人缘；人有一份人缘，必多一份事业。虽说器量是天生的，但也可以在后天学习、培养。我们阅读历史，多少的名人圣贤，有时不赞其功业，而赞其器量。所以器量对人生的功名事业至关重要！

那么如何“养量”呢？

（1）平时凡是小事，不要太过和人计较，要经常原谅别人的过失，但是大事也不要糊涂，要有是非观念。

（2）不为不如意事所累。不如意事来临时，能泰然处之，不为所累，器量自可养大。

（3）受人讥讽恶骂，要自我检讨，不要反击对方，器量自然日夜增长。

（4）学习吃亏，便宜先给别人，久而久之，从吃亏中就会增加自己的器量。

（5）见人一善，要忘其百非。只看见别人缺点而不见别人的优点，无法养成器量。

你的器量不顾别人，只顾自己，那只能养自己；假如你的肚量能涵容全家，你就能做一家之长；你的肚量能包容一县，就能做县长；能包容一省，就能做省长；能包容一国，就能做国主。历史上，那些成功的人物，并非他有三头六臂，功力高强，而是他的肚量比人大啊！肚量小的人不能容人，人又怎么会容你呢？所以布袋和尚为人歌颂“大肚能容，容却人间多少事；笑口常开，笑尽人间古今愁”。

你能把虚空宇宙都包容在心中，那么你的心量自然就能如同虚空一样广大。有一打油诗云：“占便宜处失便宜，吃得亏时天自知；但把此心存正直，不愁一世被人欺。”

有量的人，必定是不会吃亏的啊！

爱是一门艺术，宽容是爱的精髓

孔子的学生子贡曾问孔子：“老师，有没有一个字，可以作为终身奉行的原则呢？孔子说：“那大概就是‘恕’吧。”“恕”用今天的话来讲，就是宽容。

相传春秋时期，楚王请了很多臣子们来喝酒吃饭，席间歌舞曼妙，美酒佳肴，烛光摇曳。酒至兴处，楚王命令两位他最宠爱的美人许姬和麦姬轮流向各位敬酒。

忽然一阵大风刮过，吹灭了所有的蜡烛，厅堂里漆黑一片。席上一位官员乘机揩油，摸了许姬的玉手。许姬一甩手，扯了他的帽带，匆匆回到座位上，并在楚王耳边悄声说：“刚才有人乘机调戏我，我扯断了他的帽带，你赶快叫人点起蜡烛来，看谁没有帽带，就知道是谁了。”

楚王听了，连忙命令手下先不要点燃蜡烛。接着大声向各位臣子说："我今天晚上一定要与各位一醉方休。来，大家都把帽子脱了痛饮几杯。"

众人都没有戴帽子，也就看不出是谁的帽带断了。

后来楚王攻打郑国，有一位勇士独自率领几百人为三军开路。他过关斩将，直通郑国的首都。此人就是当年揩许姬油的那一位。他因楚王施恩于他，而发誓毕生效忠于楚王。

这个小故事讲的就是宽容，楚王表现出了一代霸主的大度。在今天看来，这件事小得不能再小，男女同事之间还可以握握手嘛。但在当时的男女授受不亲的社会风气下，当事人还是国王的宠姬，性质就严重了。楚王非但不治罪，还想办法替他遮羞，这种胸襟，即便是别有用心，也能光耀千古了。

宽容，首先包括对自己的宽容。只有对自己宽容的人，才有可能对别人也宽容。人的烦恼一半源于自己，即所谓画地为牢、作茧自缚。

芸芸众生，各有所长，各有所短。争强好胜失去一定限度，往往受身外之物所累，失去做人的乐趣。只有承认自己某些方面不行，才能扬长避短，才能不让嫉妒之火吞灭心中的灵光。

宽容地对待自己，就是心平气和地工作、生活。这种心境是充实自己的良好状态。充实自己很重要，只有有准备的人，才能在机遇到来之时不留下失之交臂的遗憾。知雄守雌、淡泊人生是耐住寂寞的良方。

宽容，最重要的是学会去宽容别人。宽容了别人，等于善待了自己。它能使自己的生活变得轻松、快乐。经历过风和雨，才能领悟到人生的苦和乐、爱与恨，才知道人生中应该忘记什么、记忆什么、放弃什么、学会什么，那样才是举重若轻。我想，最该忘记的是你曾帮助的人，你最应该原谅的是曾经伤害过你的人；最该放弃的是功过事非、名利得失，最需要学会的便是宽容别人。

宽容，意味着不拿别人的过错来伤害自己。我们有时候可能受到过别人的伤害，而把自己的心情陷在深深的痛苦和烦恼之中不能自拔。其实，痛苦往往是你自己找来的。面对已经发生过的伤害，只要咱们去正确地对待，去认真地分清哪些是有意的伤害和不经意间带给你的伤害，用一颗平常心去对待它，用一颗包容之心对待它，你心中的烦恼就会减轻许多许多。

气愤和悲伤是追随心胸狭窄者的影子。生气的根源不外是异己的力量——人或事侵犯、伤害了自己（利益或自尊心等），一言以蔽之，认定别人做错了，于是勃然作色。恶从胆边生；咬牙切齿，怒从心头起。凡此种种的生理反应无非是在惩罚自己，而且是为他人的错误，显然不值。

宽容是一种博大，它能包容人世间的喜怒哀乐；宽容是一种境界，它能使人跃上大方磊落的台阶。只有宽容，才能“愈合”不愉快的创伤；只有宽容，才能消除人为的紧张。

毫无疑问，宽容是人类最高尚的美德之一，而且是那种最基础的美德。因为没有宽容，其他的美德几乎都是空中楼阁，成为无趣的标榜而已。宽容应该是人们的归宿，是储存一定的生命和阅历后，理所应该达到的一种境界。如果一个老年人雍容洒脱、心怀若谷，我们会觉得是很自然、很可亲的；但是一个人到了老年还是斤斤计较、心胸狭隘，我想谁都会厌烦他。

宽容的人，永远是心态平和的人，他看世界的万物，就像是祖母看着调皮的孙子一样，眼神不禁流露出一种慈爱、关切；也像是踩了你的脚，歉意地说着“对不起”的人那样，充满着理解和体谅。

安徒生有这样一则童话叫《老头子总是不会错》。看后印象深刻，多有感悟。

乡村有一对清贫的老夫妇，有一天，他们想把家中唯一值点钱的一匹马拉到市场上去换点更有用的东西。老头子牵着马去赶集了，他先与人换得一头母牛，又用母牛去换了一头羊，再用羊换来一只肥鹅，又由鹅换了母鸡，最后用母鸡换了别人的一大袋烂苹果。在每一次交换中，他倒真还是想给老伴一个惊喜。当他扛着大袋子来一家小酒店歇气时，遇上两个英国人，闲聊中他谈了自己赶场的经过，两个英国人听得哈哈大笑，说他回去准得挨老婆子一顿揍。老头子坚称绝对不会，英国人就用一袋金币打赌，如果他回家竟未受老伴任何责罚，金币就算输给他了，三人于是一起回到老头子家中。

老太婆见老头子回来了，非常高兴，又是给他拧毛巾擦脸，又是端水解渴，听老头子讲赶集的经过。他毫不隐瞒，全过程一一道来。每听老头子讲到用一种东西换了另一种东西时，她竟十分激动地予以肯定。“哦，我们有牛奶了”，“羊奶也同样好喝”，“哦，鹅毛多漂亮！”“哦，我们有鸡蛋吃了！”诸如此类。最后听到老头子背回一袋已开始腐烂的苹果时，她同样不愠不恼，大声说：“我们今晚就可吃到苹果馅饼了！”不由搂起老头子，深情地吻他的额头……

其结果不用说，英国人就此输掉了一百多磅金币。

初读这篇童话时，还不能理解这其中的深刻含义，随着人生经历和婚姻生活的不断磨炼，我才慢慢解悟了安徒生的精妙用意。他是要告诉我们在家庭生活中，夫妻之间最重要的基础是宽容、尊重、信任和真诚。即使对方做错了什么，只要心是真诚的，就应该重过程、重动机而轻结果，这样才能有家庭的和睦。夫妻的恩爱、宽容是善待婚姻的最好的方式，充分理解对方的行事做法，不苛求不责怨，如此，必然给对方以爱的源泉，婚姻一定如童话般妙趣横生、和美幸福。

爱是一门艺术，宽容是爱的精髓。

第十三章

拥有正能量，你的人生将绚烂如花

正能量的作用就是唤醒你内心的热情，让你可以用一颗积极的心态来面对一切。成功者都具有积极的心态。保持积极心态，我们就有了信念的基点，就有了力量的源泉，就有了开启人生之路的探照灯，就有了打开成功之门的金钥匙。它可以让生活化弊为利，让苦变甜，让恨生爱，让单调变得丰富。从某种意义上讲，这是一种精神的追求和期待，是一种心境的欢愉和收获。

沙漠里的星星也很灿烂

一切问题都不是我们所想象的那样糟，关键在于我们的态度，积极地去应对，没有什么解决不了的。

第二次世界大战期间，一位名叫玛莉的英国妇女随她的军官丈夫驻防在北非的埃及，住在靠近沙漠的营地里，军营的条件是很差的。

他们居住的木屋总是闷热难当，连阴凉一点的地方气温也在30度以上，狂风裹挟着沙土总是呼呼地吹个不停。军营里没有几个家属，周围住的又全是不懂英语的土著居民，生活毫无色彩，日子实在难熬。

丈夫经常要出去执行各种各样的任务，这让一个人在家的玛莉总是感到非常寂寞。她给远在祖国的父亲写信倾诉，多少流露出要回家的意思。父亲的回信很快就收到了，信中写了这么一句话：“有两名罪犯从监狱里眺望窗外，一个看到的是高墙和铁窗，一个看到的是月亮和星星。”

玛莉拿着父亲的信看了又看，想了又想，觉得父亲说的很对。“好吧！”她振作起精神，“我这就找星星和月亮去。”于是，她走到屋外，和邻近的土著黑人交朋友，并请他们教她烹饪当地的食品，用泥土做成陶器。交往的开始是有些艰难的，但他们很快就热情地接受了她，玛莉也开始融入当地人的生活之中，渐渐地迷上了这里的风土人情。

不久之后，玛莉还开始研究起了曾经让自己无比厌烦的沙漠。很快，沙漠在她眼中成了神奇迷人的地方。她经常请土著朋友们引路到沙漠的深处探险，听当地人讲沙漠的特点，还让远在伦敦的亲友帮她寄来了当时能找到的关于沙漠的所有著作，并都认真地阅读。她还将她对沙漠取得的点滴知识都写进了自己的日记，`她的生活因此变得充实，甚至有些忙碌了。

第二次世界大战结束后，由于在中东、非洲的沙漠地区不断发现了石油，人们对沙漠的认识和兴趣都大增，玛莉因为她的知识成为了英国知名的沙漠专家。

几十年后，当有人向玛莉问起事业成功的经验时，她说到了月亮和星星的故事。她说：“是父亲教给了我对生活的态度，这种态度是我事业的源泉，它使我终身受用。”

不错，玛莉女士找到了自己的“星星”，她不仅不再长吁短叹了，而且获得很大的成功。

在沙漠里也能找到星星，这句话给我们最大的启示就是，不要害怕寂寞和苦恼，只要我们能够摆正自己的心态，我们就一定能够战胜它们，我们就可以在沙漠中找到属于自己的星星。

你的财富源自于你的积极

积极的心态是一个人成功的关键因素之一。拿破仑·希尔研究了美国最成功的500个人的生平，还结识了这些人当中的许多人。他发现这些人的成功故事中都有一个不可缺少的元素，那就是具有积极的心态。这些人即使屡遭失败，但仍旧斗志昂扬，信心不灭。在他看来，只有能克服不可思议的障碍及巨大失望的人才能获得巨大的成功。他的话跟美国发明家布卡·T·华盛顿的话相似：“我明白了，成功的大小不是由这个人达到的人生高度来衡量的，而是由他在成功路上克服的障碍的数目来衡量的。”

世界巨富福勒就是一个令人叹服的典范。

福勒最初的状况很穷，他的母亲生了他们7个孩子，为了生计，他5岁参加劳动，9岁之前就像大人一样以赶骡子为生。但有一天，他母亲的一番话改变了他整个的人生：“福勒，我们不应该这么穷。我不愿意听到你们说：‘我们的贫穷是上帝的意愿。我们的贫穷不是由于上帝的缘故，而是因为你们的父亲从来就没有产生过致富的念头。不仅是你们的父亲，我们家庭里的任何人都没有产生过出人头地的念头。’”

“念头”这个词沉重地击打着福勒的心房。

福勒开始思考致富。他让关于走向富有的念头占据了全部心思，而把杂念统统抛到脑后。他选择了肥皂业。于是，他像我们现在很多可怜的推销员那样，挨家挨户地推销肥皂。12年之后，他终于有了2.5万美元。正好，福勒获悉供应他肥皂的那家公司要拍卖出售，售价是15万美元。福勒兴奋极了，由于兴奋他竟然忘记了自己只有2.5万美元。他与这家公司达成协议，先交2.5万美元作为保证金，然后在10天之内付清余款，否则，那笔保证金——也就是他的全部财产——将不予退还。福勒兴奋地只说了一个字：“行！”

这时，福勒其实已经把自己逼上绝路，但他感到的不是绝望，而是成功的兴奋。福勒开始筹钱，由于做了12年的推销员，他在社会上建立起很好的人缘。朋友们借给他11.5万美元，只差1万美元了。但是，这时已经是规定的第10天的前夜，而且是深夜，所以那1万美元就不是个小问题。福勒发愁了。但是，致富的念头使他没有失望。他在深夜再次走上街头。成功之后的福勒在回忆那个深夜时说：“当时，我已用尽我所知道的一切资金来源。那时已是沉沉深夜，我在幽暗的房间中跪下祈祷。祈求上帝引导我见到一个能及时借给我1万美元的人。我驱车走遍61号大街，直到我在一幢商业大楼里看到了第一道灯光。”

这便是福勒最著名的“寻找灯光”的故事。

这时已是深夜11点。福勒走进那幢商业楼，在昏黄的灯光里看到一个由于工作而疲乏不堪的先生。为了顺利履行那份购买肥皂公司的协议，福勒忘记了一切，心中只有勇气和智慧。他不假思索地说：

“先生，你想赚到1000美元吗？”

“当然想喽……”那位先生因为这个好运气的突如其来而有点惊慌失措。

“那么，给我开一张1万美元的支票，等我归还您的借款时，我将另付你1000美元的利息。”

福勒于是讲述了他面临的困境，并把有关的资料让那位先生看。福勒拿到了1万美元。福勒由此开始，迈进了世界巨富的行列。

福勒的故事无疑给我们这样一个启示：不为困难折服的积极心态，的确是我们每个人迈上成功之路的开始。

对于许多渴望成功、渴望赚钱致富以改变自己贫穷命运的人而言，如何认识自己目前的“一无所有”，对其以后的发展至关重要。

一般来说，持“反正我也是一贫如洗，再怎么努力奋斗也无济于事”的态度的人，必将贫困潦倒终生，并且一事无成；而抱“虽然我眼下一无所有，但是我将努力去奋斗……”想法的人将成为真正的胜者，走上白手创业赚大钱的道路。

激情还在，海阔天空属于你

有一位牧师正在考虑明天如何布道，却总想不到一个好的讲题，很着急。他六岁的儿子不时地来打扰他。为了安抚他的儿子，不让他来捣乱，情急之下，他把一本杂志内的世界地图夹页撕碎，递给儿子说：“来，我们做一个有趣的拼图游戏，你回房里去，把这张世界地图还原，我就给你一美元。”

儿子出去后，他把门关上，得意地自言自语：“哈，这下可以清静了。”

谁知没过几分钟，儿子来敲门，并说图已拼好。他大惊失色，急忙到儿子房间一看，果然那张撕碎的世界地图完完整整地摆在地板上。

“怎么会这样快？”他吃惊地望着儿子，不解地问。

“是这样的，”儿子说，“世界地图的背面有一个人头像，人对了，世界自然就对了。”

牧师爱抚地摸着小儿子的头若有所悟地说：“说得好啊，人对了，世界就对了——我已找到明天布道的题目！”

还有一则故事：天上有只鸟在飞，一位拄锄田头的人叹气道：它真苦，四处飞翔为觅一口食。

另一位依窗怀春的少女也正好在看这只鸟，她叹气说："它真幸福，有一双美丽的翅膀。"

面对同一种境况，不同的人有不同的心情、理解。满怀激情，我们就会有一种振奋的感觉；失意悲观，我们就会有一种痛苦或失落的感叹。

当自己人生理想不能实现，或者见解、行为不为世人所理解时，自然会使人迷惘、失意。

现实生活中的种种情绪会使人对境况产生相同的或近似的联想、类比。

人们很容易将思维编入既存的框架里，或满足，或失意，或进取等等，产生"命中注定"或"无法更改"的思维定式。

逐渐失去踏出限制我们的框架的勇气，然后将自己对人生的梦想和野心一个个抛弃掉。而没有追逐梦想、实现野心的激情，人生将会缺乏激情。

记住，每天早晨醒来时，别忘了对自已说："今天是这样的崭新和美好，我很幸运能拥有这样的一天！"

变得积极，你将会更加优秀

拿破仑·希尔博士在《心理创富法》一书里面认为自我暗示是一种树立正确财富观念的好办法，并且首次提出六个自我暗示的"黄金"步骤。

第一步，你要在心里确定希望拥有的财富数字。笼统地说"我需要很多、很多的钱"是没有积极作用的，你必须确定你所要求财富的具体数额；

第二步，确确实实地决定，你将会付出什么努力与代价去换取你所需要的钱——世界上是没有不劳而获这回事的；

第三步，规定一个固定的日期，一定要在这日期之前把你要求的钱赚到手——没有时间表，你的船永远不会"泊岸"；

第四步，拟定一个实现你理想的可行性计划，并马上进行——你要习惯“行动”，不能够再耽于“空想”；

第五步，将以上四点清楚地写下——不可以单靠记忆，一定要记成白纸黑字；

第六步，不妨每天两次，大声朗诵你写下的计划的内容。一次在晚上就寝之前，另一次在早上起床之后——当你朗诵的时候，你必须看到、感觉到和深信你已经拥有这些钱！

以上的几个自我暗示步骤看似简单，其实却非常重要，所以希尔博士在书中反复叮咛：“对一些没有接受过严格心灵锻炼的人来说，以上六个步骤是‘行不通’的。请你先记住，将这些步骤传下来的人不是没有完善意识和致富勇气的平庸之辈，而是一些世界上经济和政治领域中颇为成功的杰出的人物。”

希尔博士的自我暗示步骤使我们深刻认识到自我暗示的重要性与激励作用。因为，人们的意识会形成一种“心理导向效应”，即人的内心都会有一种强烈的接受外界的暗示，通过语言、声音的传播媒介树立形象的渴望。

所以，我们在心里为自己描绘的形象就决定了自己的未来，暗示往往是无法改变的，因为它在潜移默化中影响着我们的成长。

提高自我价值需要不断地用激励暗示自己。心理学上激励的含义主要是指激发人的行为动因，使人具有一股内在的动力而为期望目标作出努力的心理过程。哈佛大学的心理学家威廉姆·詹姆斯研究发现，一个没有受到激励暗示的人，仅能发挥其能力的1/5左右，而当他受到激励暗示时，其能力可以发挥至4/5。这就是说，同样一个人，在通过充分激励后，所发挥的能力相当于激励前的三至四倍。

著名黑人领袖马丁·路德·金说过：“世界上所做的每一件事都是抱着希望而做成的。”人们基于对环境的认识，进而产生了价值感和期望，导致需要，而需要又引起动机。但动机是否必定产生相应的行为，这将取决于目标的实践可行性程度。

我们在追求成功时，不妨设想目标实现时非常美好、激动人心的情景。这个美景对我们会构成一种暗示，它为我们提供动力，提高挫折耐受能力，并保持积极向上的精神状态。

让积极融入你的血液

竞争不是生活的目的，只是幸福生活的手段，如果竞争令人精神上不幸福，甚至痛苦，竞争将成为生活的终极目标。人类一定会被这一自身创造出来的增加财富的手段所毁灭。积极心理学告诉我们：

1. 快乐的第一法宝是宽恕的心

最快乐的人身边总是不乏家人和朋友，他们不关心自己是否能跟得上富有的邻居的脚步。最重要的是他们有一颗宽恕的心。

正如《真正的快乐》的作者塞利格曼所说，快乐的人很少感到孤单。他们追求个人成长和与别人建立亲密关系；他们以自己的标准来衡量自己，从来不管别人做什么或拥有什么。伊利诺伊州立大学的心理学家爱德·迪恩纳说："对于快乐来说，物质主义是一种毒品。"

即使是那些富有的物质主义者也不及那些不关心挣了多少、花了多少的人高兴。快乐的人以家人、朋友为中心，而那些不快乐的人在生活中时不时地冷落了这些东西，在这个时候他们就会备感孤单。迪恩纳还认为，如果经常与更加富有的邻居做比较，这将会是不高兴的开始。密歇根州立大学的心理学家克里斯托弗·皮特森认为，宽恕与快乐紧紧相连，"宽恕是所有美德之中的王后，也是最难拥有的"。

2. 快乐的第二法宝是顺其自然

人类不善于预测快乐，因为快乐是乞求不到的，当我们追求快乐时，它无影无踪，而我们忽视它时，它却不期而至。其实，快乐是因为我们做了快乐的事情，当我们把某一件事情做好了，我们对自己的行为感到满意，我们就会快乐。

许多人重视快乐的感受，却不重视去做快乐的事情，不去行为，只去思考和感受是不会快乐的。好的感觉并不像人们想的那样只存在于头脑中，它一定会表现在行为上。通常当人们去参加一些非常有趣的活动，达到忘我的程度时，生活满足感就会出现，因为这时他们已经忘记了时间，也忘记了一切忧愁。心理学家彻斯把这一现象称为“顺其自然”。彻斯认为，在生命的流程中，人们也许正在处理棘手的事件，也许正在做脑部手术、玩乐器或者是在和孩子一起解决难题，而其中的影响都是一样的：生命中许多活动的流程就是生命中的满足。我们不必加快脚步到达终点，顺其自然就可以。

3. 快乐的第三法宝是感激生活

感激的心情与生活满足也有很大关系。心理学研究显示，把自己感激的事物说出来和写出来能够扩大一个成年人的快乐。感激自己健康地活着，感激自己是自由的，感激自己还有一个美好的未来，感激过去他人赠予我们的一切。

当我们关注财富积累的时候，万万不要无视幸福感的增加。在我们这个社会，资源是有限的，机会也是不平等的，所以财富不可能会被每一个人所拥有。但是幸福的感受和快乐的心情却是我们每个人都能拥有的。珍惜我们的幸福感受吧，只有它才是我们触手可及的宝藏。

积极的人生充满乐趣

幸福与财富无关。幸福的人不一定是富人，一个穷人也可以是很快乐的。积极状态的人不一定富有，但一定是幸福、快乐和乐观的。

1. 快乐人生的证明

一个心理学研究表明，具有积极情绪的人比一般人更能忍受痛苦。一个将手伸进冰冷凉水的实验是这样的：普通人向冰水里伸手，只能忍受60～90秒，但在积极情绪测量中最出色的人、得分最高的人或者一个具有积极的情绪的人，往往能忍受的时间要长一些。

快乐的人更喜欢与别人交朋友，而不是独处。他们愿意主动接触生人，愿意为他人捐钱，更具有利他主义精神，更关心周围的人，而很少考虑自己的利益。

富有与幸福呈低相关。研究表明，富有人只比普通人稍微幸福一点。而亲人的离去、配偶的死亡，对人的幸福影响长达7～8年。

2. 你知道乐观的奇妙吗？

世界上大多数人都是悲观的，但他们倾向于认为别人比自己乐观。乐观的人寿命更长。赛利格曼测试了70个心脏病人，在17个被测试为最悲观的病人中有16个没有经受住第二次心脏病发作而去世了，而19个被测试为最乐观的人中，只有一个人被第二次心脏病的发作夺去了生命。乐观是抵抗疾病的第一道防线。研究表明，具有乐观性格的人在保险公司销售人员中，往往是销售业绩冠军。乐观的小学生将来很少得抑郁症，走向社会后，在工作成绩和社会地位方面均超过悲观的人。乐观可以通过教育而形成，一个悲观的人通过心理训练可以转化成为乐观的人。

3. 五岁女儿播下的“积极”种子

心理学家赛利格曼在担任美国心理学会主席数月后的一天与五岁的女儿在园子里播种。他的女儿叫尼奇。赛利格曼虽然写了大量有关儿童的著作，但实际生活中对于孩子并不算太亲密，他平时很忙，有许多任务要完成，其实种地他也只想快一点干完了。尼奇却手舞足蹈，将种子抛向天空。

赛利格曼叫她别乱来。女儿却跑过来对他说：“爸爸，我能与你谈谈吗？”“当然。”他回答说。“爸爸，你还记得我五岁生日吗？我从三岁到五岁一直都在抱怨。每天都要说这个不好、那个不好，当我长到五岁时，我决定不再抱怨了，这是我从来没做过的最困难的决定。如果我不抱怨了，你可以不再那样经常郁闷吗？”

赛利格曼产生了一种闪电般的震动，仿佛出现了神灵的启示。他认识到，是尼奇自己矫正了自己的抱怨。

这一天改变了赛利格曼的生活。他过去的五十年都在阴暗的气氛中生活，心灵中有许多不满的情绪，而从那天开始，他决定让心灵充满阳光，让积极的情绪占据心灵的主导。

继而，赛利格曼将这种关心人的优秀品质和美好心灵的心理学定义为积极心理学。

4. 积极正是一种爱

“积极”一词很容易令人产生误解，其实积极的意义是相对的，它不是一个固定结果和最后结局，积极是一个行为过程，包括过程的体验。

积极与个人处境有关，它是指个人选择一个最能适应的环境和发挥了最高潜能的行为，是一个人把所有力量都运用到了极限而问心无愧的人生态度。一个身患绝症的人和一个处于创作状态的作家，虽然所面临的人生状态如此不同，但在积极状态上是一样的，他们都可能是积极的。只不过前者是与疾病做斗争而感受到生命的勇气，后者是陷入创作高峰体验而感受到生命的激情。两者之比，没有量的规定，但在质的规定上是一样的。

为什么失败？因为你的顾虑

走独木桥的时候，我们都有这种感觉：心怦怦地直跳，害怕一个不小心就会掉下去，结果越是害怕，就越不敢向前走。其实，只要我们能够忘记背景，忽略险恶，专心走好自己脚下的路，我们就能轻松愉快地快步到达目的地。

弗洛姆是美国一位著名的心理学家。一天，几个学生向他请教："心态对一个人会产生什么样的影响呢？"

他微微一笑，什么也不说，就把他们带到一间黑暗的房子里。在他的引导下，学生们很快就穿过了这间伸手不见五指的神秘房间。接着，弗洛姆打开房间里的一盏灯，在这昏黄如烛的灯光下，学生们才看清楚房间的布置，不禁吓出了一身冷汗。原来，这间房子的地面就是一个很深很大的水池，池子里蠕动着各种毒蛇，包括一条大蟒蛇和三条眼镜蛇，有好几只毒蛇正高高地昂着头，朝他们"嗞嗞"地吐着信子。就在蛇池的上方，搭着一座很窄的木桥，他们刚才就是从这座木桥上走过来的。

弗洛姆看着他们，问："现在，你们还愿意再次走过这座桥吗？"大家你看看我，我看看你，都不作声。

过了片刻，终于有3位学生犹犹豫豫地站了出来。其中一个学生一上桥就异常小心地挪动着双脚，速度比第一次慢了好多倍；另一个学生战战兢兢地踩在小木桥上，身子不由自主地颤抖着，才走到一半，就挺不住了；第三个学生干脆弯下身来，慢慢地趴在小桥上爬了过去。

"啪"，弗洛姆又打开了房内另外几盏灯，强烈的灯光一下子把整个房间照耀得如同白昼。学生们揉揉眼睛再仔细看，才发现在小木桥的下方装着一道安全网，只是因为网线的颜色暗淡，他们刚才没有看出来。弗洛姆大声地问："你们当中还有谁愿意现在就通过这座小桥？"

学生们没有作声，"你们为什么不愿意呢？"弗洛姆问道。"这张安全网的质量可靠吗？"学生心有余悸地反问。

弗洛姆笑了："我可以解答你们的疑问了，这座桥本来不难走。可是桥下的毒蛇对你们造成了心理威慑，于是，你们就失去了平静的心态，乱了方寸，慌了手脚，表现出各种程度的胆怯——心态对行为当然是有影响的。"

其实人生又何尝不是如此呢？在面对各种挑战时，也许失败不是因为势单力薄，不是因为智能低下，也不是没有把整个局势分析透彻，反而是把困难看得太清楚，分析得太透彻，考虑得太详尽，才会被困难吓倒，举步维艰。倒是那些没把困难完全看清楚的人更能够勇往直前。

那些经历过失败的痛苦并且仍过得不错的人，正在验证着这样一个幸福的法则：并非只有幸福才让我们活得更好。同情、智慧、利他、见识、创造，甚至有时不幸，都会提升人类的素质。因为有时只有恶劣的境遇才能迫使我们承担起令人痛苦的蜕变过程。一个完整的人生，光有平平淡淡、无忧无虑并不足够，我们还需要经历失败的痛苦。

面对失败，你要这么对待

我们常常发现，一个失败者不一定能转变成一个成功者，但一个成功者一定曾经是一个失败者。一个成功的人，他成功的历史，其实也是一部失败的历史。据说，世界上著名的成功人士所做的事情中，成功与失败的比例是1：10。也就是说，他们几乎要失败10次，才能换来1次成功。不信你去问问那些成功的人，他们经历的失败都多于成功。华盛顿打的败仗比他打的胜仗要多得多，但他最终成功了。

一个人越不把失败当作一回事，失败就越不能把他怎么样，他就越能成功；一个人越害怕失败，失败就越会缠住他，他就越难摆脱失败。美国两位哈佛毕业的总统的竞选经历就是最好的说明。罗斯福不怕失败，他成功了；尼克松害怕失败，而他收获的恰恰就是失败。

罗斯福每天坐着轮椅，昂着头，挺着胸，信心百倍地去上班。他在首次就职演说中提出的那个“无所畏惧”的战斗口号，鼓舞了千千万万的听众，他说：“我们唯一值得恐惧的就是恐惧的本身。”他凭着永远不承认失败、永远不甘放弃的精神，成为了美国最杰出的总统之一。

尼克松在1972年竞选连任美国总统时，由于他在第一任期间政绩突出，所以大多数政治评论家都预测尼克松将以绝对优势获得胜利。然而，尼克松本人却缺乏自信，走不出过去几次失败的心理阴影，极度担心再次出现失败。在这种不良心态的驱使下，他鬼使神差地干出了令自己后悔终生的蠢事。他指派手下的人潜入竞选对手水门饭店的总部，在对手的办公室里安装了窃听器。事发之后，他又连连阻止调查，推卸责任，在这次选举中他虽然获胜，但不久因水门事件被迫辞职。本来稳操胜券的尼克松，因害怕失败而导致惨败。

永不言败和善于对失败进行总结是成功者的基本特征。如果没有失败，我们就什么也学不到。有远见的企业家在选拔人才时，不仅重视一个人过去的成功，同时还重视这个人失败的经历。哈佛商学院的约翰·考科教授说：“我可以想象得出，在20年前，董事会在讨论一个高级职位的候选人时，有人会说：‘这个人32岁时就遭受过极大的失败。’其他人会说：‘是的，这不是好兆头。’但是今天，同一个董事会却会说：‘让人担心的是这个人还未曾经历过失败。’”可见失败并非是坏事，因为每一次失败都孕育着成功的萌芽，每一次失败都将使你更靠近成功。

如果我们不曾失败过，为了成功，我们应该勇敢地去尝试一下失败的滋味。在尝试时，要告诉自己：我在什么地方跌倒了，就要在什么地方爬起来，以后也许还会跌倒，但决不会在原先的这个地方。

心态决定态度，态度决定一切

神奇的足球教练米卢有句话说：“态度决定一切。”

事实上，我们也经常看到运动员在比赛场上因为心态的起伏而导致结果的出人意料。心态左右着我们对人、对事、对环境的看法，而这种看法又决定了我们对人、对事的态度。

从前有一位智慧老人，每天坐在加油站外面的椅子上，向开车经过镇上的人打招呼。

这天，他的孙女在他身旁，陪他慢慢地共度光阴。他俩坐在那里看着人们经过，一位身材很高、看来像个游客的男人（他们认识镇上每个人）到处打听，想要找地方住下来。

陌生人走过来说："这是个怎样的城镇？"

老人慢慢转过身来回答："你来自怎样的城镇？"

游客说："在我原来住的地方，人人都很喜欢批评别人。邻居之间常说别人的闲话，总之，那地方很不好住。我真高兴能够离开，那不是个令人愉快的地方。"摇椅上的老人对陌生人说："那我得告诉你，其实这里也差不多。"

过了个把小时，一辆载着一家人的大车在这里停下来加油。车子慢慢地开进加油站，停在老先生和他孙女坐的地方。一位母亲带着两个小孩子下来问哪里有洗手间，老人指着一扇门，上面有根钉子悬着扭歪了的牌子。孩子的父亲也下了车，问老人说："住在这个城镇不错吧？"坐在椅子上的人回答："你原来住的地方怎样？"

孩子和父亲看着他说："我原来住的城镇每个人都很亲切，人人都愿帮助邻居。无论去哪里，总会有人跟你打招呼。我真舍不得离开。"老先生转过来看着他，脸上露出和蔼的微笑，"其实这里也差不多。"

然后那家人回到车上，说了谢谢，挥手再见，驱车离开。

等到那家人走远，孙女抬头问祖父："爷爷，为什么你告诉第一个人这里很可怕，却告诉第二个人这里很好呢？"祖父慈祥地看着孙女美丽的双眼说："不管你搬到哪里，你都会带着自己的态度；那地方可怕或可爱，全在于你自己！"

其实生活对我们每个人都是公平的，只是心态的不同造就了人生的不同。